APROXIMACIONES TEÓRICO-PRÁCTICAS PARA MOTIVAR LA ELECCIÓN DE ÁREAS CIENTÍFICO-TECNOLÓGICAS EN MÉXICO

APROXIMACIONES TEÓRICO-PRÁCTICAS PARA MOTIVAR LA ELECCIÓN DE ÁREAS CIENTÍFICO-TECNOLÓGICAS EN MÉXICO

Coordinadora del libro
Gisela Yamín Gómez Mohedano

Germán Muñoz Ortega
María del Pilar Anaya Ávila
Rossy Lorena Laurencio Meza
Rita Virginia Ramos Castro
Mauro García Domínguez

Javier Casco López
Patricia del Carmen Aguirre
María Minerva López García
Ana María Sánchez Mora

Número de Control de la Biblioteca del Congreso de EE. UU.:   2015901971
ISBN: Tapa Dura   978-1-4633-9978-8
                       Tapa Blanda   978-1-4633-9980-1
                       Libro Electrónico   978-1-4633-9979-5

Fecha de revisión: 13/02/2015

Para realizar pedidos de este libro, contacte con:
Palibrio
1663 Liberty Drive
Suite 200
Bloomington, IN 47403
Gratis desde EE. UU. al 877.407.5847
Gratis desde México al 01.800.288.2243
Gratis desde España al 900.866.949
Desde otro país al +1.812.671.9757
Fax: 01.812.355.1576
ventas@palibrio.com
664142

ÍNDICE

COMITÉ ARBITRAL

Dr. Manuel Alejandro Robles Acevedo
Universidad Politécnica de Tulancingo

Dr. Alfonso Padilla Vivanco
Universidad Politécnica de Tulancingo

Mtro. Mauro García Domínguez
Universidad Popular Autónoma del Estado de Puebla

Dra. Ana Ma. Sánchez Mora
Universidad Nacional Autónoma de México

AUTORES

Germán Muñoz Ortega
Universidad Autónoma de Chiapas

Javier Casco López
Universidad Veracruzana

María del Pilar Anaya Ávila
Universidad Veracruzana

Patricia del Carmen Aguirre Gamboa
Universidad Veracruzana

Rossy Lorena Laurencio Meza
Universidad Veracruzana

María Minerva López García
Universidad Autónoma de Chiapas

Rita Virginia Ramos Castro
Universidad Autónoma de Chiapas

Ana María Sánchez Mora
Universidad Nacional Autónoma de México

Mauro García Domíngucz
Universidad Popular Autónoma del Estado de Puebla

Gisela Yamín Gómez Mohedano
Universidad Politécnica de Tulancingo

PRÓLOGO

Cuando la Dra. Gisela Yamín Gómez Mohedano me hizo el honor de pedirme que escribiera el prólogo para este libro, el tema en torno al que giran los artículos que lo forman resonó de inmediato en mi mente. Rebusqué en mis archivos polvorientos y encontré un texto mío titulado "Cualquier cosa, menos física", publicado en *Prenci*, boletín del Centro Universitario de Comunicación de la Ciencia, UNAM, del que transcribo el comienzo:

> "Cualquier cosa, menos física" es una respuesta bastante común cuando a un muchacho que cursa el último año de secundaria o los dos primeros de preparatoria se le pregunta qué va a estudiar después, si es que está pensando en una carrera universitaria. También ocurre que cuando alguien me pregunta cuál es mi profesión y respondo "física", observo dos actitudes: después de una expresión admirativa, mi interlocutor se queda mirándome, o asombrado (de que se pueda entender algo incomprensible) o compasivo (de que haya perdido mi tiempo en algo tan inútil).

> ¿Por qué estas actitudes, sobre todo en los jóvenes, hacia la física? ¿Es realmente tan difícil? ¿O árida? ¿A partir de qué situaciones se suscita ese rechazo?

A continuación despotrico contra los pésimos libros de texto y los maestros improvisados, que influyen tan negativamente en los jóvenes en edad de elegir una vocación.

Pero lo que me impresiona es la fecha de publicación del texto, 1988, ¡hace 26 años! (note el amable lector que aún no se entronizaba la expresión "las y los jóvenes"). Me pregunto cómo es posible que el rechazo y por tanto la escasez de estudiantes en las áreas científico-tecnológicas (específicamente ingeniería y ciencias exactas, como puntualiza la Dra. Gómez) sigan dando lugar a preocupaciones del calibre de las que pueblan este compendio.

Y todavía más: la situación de nuestro país ha empeorado drásticamente, en particular en la educación y el mercado laboral; esto, por decirlo con un dejo sentimental, incide negativamente sobre la esperanza en el futuro.

Hablando de lo sentimental, un maestro comprometido con los jóvenes puede sentarse a llorar amargamente el estado de cosas, o con determinación decidir cambiarlo en la medida de sus posibilidades y conocimientos. Esta segunda manera de ver las cosas está plasmada en *Aproximaciones teórico-prácticas para motivar la elección de áreas científico-tecnológicas en México.*

En efecto, como menciona la Dra. Gómez, el eje rector de la publicación es la resolución de la problemática en torno a la escasez de estudiantes en dichas áreas. La perspectiva multidisciplinaria con la que se aborda tal problemática explica en cierto modo las diferentes maneras de plantear y desarrollar cada una de las aportaciones.

"La no elección de una carrera del área científico-tecnológica. Un problema con raíces multifactoriales", de la misma Gisela Yamín Gómez Mohedano, parte de señalar unas dolorosas verdades de nuestro entorno latinoamericano: entre otras, que tenemos los niveles más bajos de competitividad en actividades basadas en el conocimiento, de productividad científica, de formación de recursos humanos y de inversión en ciencia y tecnología. Todos estos precarios resultados se alimentan en parte del desinterés de los estudiantes por cursar carreras relacionadas con la ingeniería, la ciencia y la tecnología.

El artículo aborda la posibilidad de que la mercadotecnia ofrezca opciones para resolver en alguna medida dicha problemática. Para utilizar esta herramienta se investigó aquello que incide en la decisión de un joven para cursar una carrera del área científico-tecnológica, y se encuentra que los factores que más afectan negativamente el interés por estudiar dichas carreras son las percepciones negativas que se tienen hacia el estudio de las matemáticas, la poca motivación de los padres, los materiales didácticos que se utilizan en su enseñanza en el nivel medio superior y la falta de motivación y seguimiento por parte de los profesores. Con esta información se diseñó un modelo de marketing relacional que será útil para atraer estudiantes hacia esta área, tanto enfocado en su ingreso como en evitar que quienes cursan las carreras las abandonen.

"Un enfoque alternativo del cálculo integral para las escuelas de ingeniería", de Germán Muñoz Ortega, se enfoca en la problemática fundamental de la enseñanza escolar del cálculo integral, que consiste en la separación entre lo conceptual y lo algorítmico; en particular se refiere a los métodos de integración, que se enseñan mediante ejercicios repetitivos divorciados de las aplicaciones, lo que impide a los estudiantes aplicar lo estudiado cuando se enfrentan a los tipos de problemas que resuelve un ingeniero.

Mediante el análisis de algunos textos y los efectos de su discurso en los profesores y estudiantes de ingeniería, y con base en estudios de tipo histórico-epistemológico, cognitivo y didáctico, el autor propone un enfoque alternativo basado en la discusión de "situaciones" en el contexto de la cinemática y tomando como columna vertebral las nociones de "predicción, acumulación y constantificación de lo variable".

"Estrategias de comunicación en la promoción de las áreas científico-tecnológicas", de Patricia Aguirre Gamboa, Ma. del Pilar Anaya Ávila, Javier Casco López y Lorena Laurencio Meza, se refiere a las diversas acciones planeadas para intensificar las vocaciones de los jóvenes hacia las áreas científico-tecnológicas desde las instituciones de educación media superior, como pueden ser ferias, charlas de orientación, reconocimiento a estudiantes destacados, pero que no siempre satisfacen las expectativas de aquellos a quienes se destinan. Así pues, este artículo de reflexión presenta algunas estrategias de comunicación con la finalidad de hacer conscientes a los docentes y a las autoridades de la importancia de la promoción de estas áreas.

Los autores proponen que es necesario crear un clima propicio para que los alumnos de educación media superior se interesen por esas áreas, y que el compromiso de los docentes implica atender los aspectos más creativos y relevantes de la actividad científica. Para ello la comunicación debe ser la herramienta, por lo que sugieren desarrollar medios de difusión e incentivar la participación de jóvenes en talleres interactivos, como una de las muchas opciones para que la ciencia y la tecnología sea vista por los jóvenes como una posibilidad de formarse en áreas productivas que demanda el país.

"Sobre la decisión de ser científico", de Minerva López García y Virginia Ramos Castro, integra varios componentes de la problemática de la elección de carreras del área de las ciencias naturales, como la forma en que tradicionalmente se ha asesorado a los jóvenes para que decidan su vocación, la representación social de la ciencia y del científico, la enseñanza de la ciencia, la forma en que los medios promueven la imagen de lo científico, la dificultad que representa para algunos aprender a hacer ciencia, y las teorías implícitas de los profesores acerca de la enseñanza.

En particular, a las autoras les interesa abordar la representación social que se tiene de lo científico para explicar en qué medida las respuestas que provienen del sentido común resultan ser mucho más convincentes que las provenientes de la ciencia. Otro tema de su interés donde se enfrentan el conocimiento cotidiano y el científico es la puesta a prueba de las creencias y las teorías implícitas, que en el caso de los estudiantes afecta a las decisiones que toman respecto a su vocación. Proponen que una estrategia para modificar las teorías implícitas sobre la ciencia como una actividad sumamente difícil y complicada sería basarse menos en la exposición docente y en mostrar un conocimiento acabado dogmático, y sí en cambio lograr que el profesor como mediador sea capaz de generar situaciones de aprendizaje en donde surja un conflicto con los saberes de los estudiantes, y que estos adquieran independencia para experimentar que la dificultad en el aprendizaje de las ciencias es provocada en gran medida por una enseñanza poco creativa para no permitir "la entrada a la secta".

Cierro la descripción del contenido con el *Manual introductorio de divulgación,* y no porque, al ser yo su autora, lo pretenda "broche de oro"; si bien no tiene el rigor metodológico de las demás aportaciones, intenta incluir, aunque sin decirlo abiertamente, no solo la problemática del rechazo e incomprensión hacia la ciencia, en todo su amplio y gris horizonte, sino componentes que apenas asoman en el resto, como la cultura general, incluida la ciencia, y el disfrute de poseerla. Quizá ante el triste panorama antes descrito, el contenido del *Manual* parezca un mero divertimento, pero bien le dan la razón a mi argumento los resultados de las últimas encuestas (por ejemplo, del Conacyt) sobre la relación entre el público y la ciencia: esta sigue siendo ignorada, rechazada o temida. Podemos seguir insistiendo hasta el cansancio en los beneficios sociales, políticos y económicos de ciencia y tecnología, pero eso no es suficiente, y es hasta ocioso si a los estudiantes sobre los que queremos influir no les damos la visión realmente satisfactoria. Porque a fin de cuentas, a quien ya nació para la ingeniería o las ciencias exactas o se crió en el entorno adecuado, ¿de qué lo queremos convencer? El joven que más nos interesa es aquel que tiene todo en contra.

Como podrá constatar el lector, la variación de los abordajes disciplinarios, desarrollos y estilos de las aportaciones no impide ver que todas comparten la misma gran preocupación. Así pues, si quisiéramos hacer un compendio de aquellos elementos que producen el rechazo y el abandono de las carreras en el área científico-tecnológica, tendríamos, entresacados de estas *Aproximaciones teórico-prácticas para motivar la elección de áreas científico-tecnológicas,* los siguientes: el entorno ya de por sí difícil para que un joven se desarrolle; la deficiente enseñanza de la ciencia; la falta de motivación de padres, profesores y alumnos; el no tener en cuenta qué tipo de conocimiento es el científico y lo que representa hacer ciencia; la representación social y mediática de la ciencia y del científico; la escasez de estrategias de promoción y comunicación, y la responsabilidad y el profesionalismo que todo lo anterior implica.

Para finalizar, me congratulo de que la compiladora haya decidido socializar estas investigaciones preocupadas, volvamos a lo sentimental, por el futuro de los jóvenes que nos siguen y el país del que forman parte.

Ana María Sánchez Mora
Dirección General de Divulgación de la UNAM

INTRODUCCIÓN

La no elección de una carrera del área científico-tecnológica. Un problema con raíces multifactoriales.

Gisela Yamín Gómez Mohedano
Mauro García Domínguez

En sus inicios la investigación que da pie a esta publicación se constituyó como una tesis doctoral y surgió con la intención de abonar, desde una perspectiva mercadológica, a la problemática existente en ese entonces para una institución en particular., sin embargo al ahondar en la información, los datos duros mostraron que la situación no era un síntoma local o del municipio o el estado de Hidalgo donde se encuentra asentada, sino que se presentaba incluso a nivel nacional como se podrá observar líneas abajo en este documento. Aún más, organismos internacionales como la OCDE han señalado que la región de Latinoamérica ha experimentado en los últimos años los niveles más bajos de competitividad en actividades basadas en el conocimiento. También se han mostrado bajos los niveles de productividad científica, formación en recursos humanos, inversión en ciencia y tecnología y en solicitudes de patentes, estado crítico para un país que requiere desarrollo.

Esta situación se ve acrecentada por el desinterés de los estudiantes en cursar carreras relacionadas con la ingeniería, la ciencia y la tecnología. Dado el problema anterior se llevó a cabo una investigación no experimental, cuantitativa, descriptiva y transversal simple, cuyo objetivo fue detectar los factores que inciden en la toma de la decisión de estudiar una carrera en esta área.

El estudio se dirigió a instituciones educativas del estado de Hidalgo; los sujetos fueron alumnos por egresar de los bachilleratos de la región de Tulancingo, Cuatepec, Santiago y Pachuca. Se encuestó a 287 alumnos de una población de 1132. Los resultados obtenidos mostraron que los factores que más afectan el interés por estudiar carreras del área científico-tecnológicas son: las percepciones negativas que se tienen hacia el estudio de las matemáticas, la poca motivación de los padres, los materiales didácticos que se utilizan en su enseñanza en el nivel medio superior y la falta de motivación y seguimiento por parte de los profesores.

Con esta información, la investigación que da inicio a esta compilación de trabajos, propone un modelo de Marketing Relacional para atraer, retener y fidelizar a los estudiantes hacia esta área, así como para disminuir los niveles de abandono en aquellos alumnos que ya se encuentran cursándolas.

No obstante, para la solución de una situación con tal complejidad se requiere una participación multidisciplinaria. "Aproximaciones teórico-prácticas para motivar la elección de áreas científico-tecnológicas en México" reúne las aportaciones realizadas desde instituciones como la Universidad Politécnica de Tulancingo, Universidad Autónoma de Chiapas, Universidad Veracruzana y la Universidad Autónoma de México con una mirada plural que pretende construir en aras del desarrollo científico del país (Ver tabla 1).

Tabla 1. Modelo de desarrollo del libro "Aproximaciones teórico-prácticas para motivar la elección de áreas científico-tecnológicas en México".

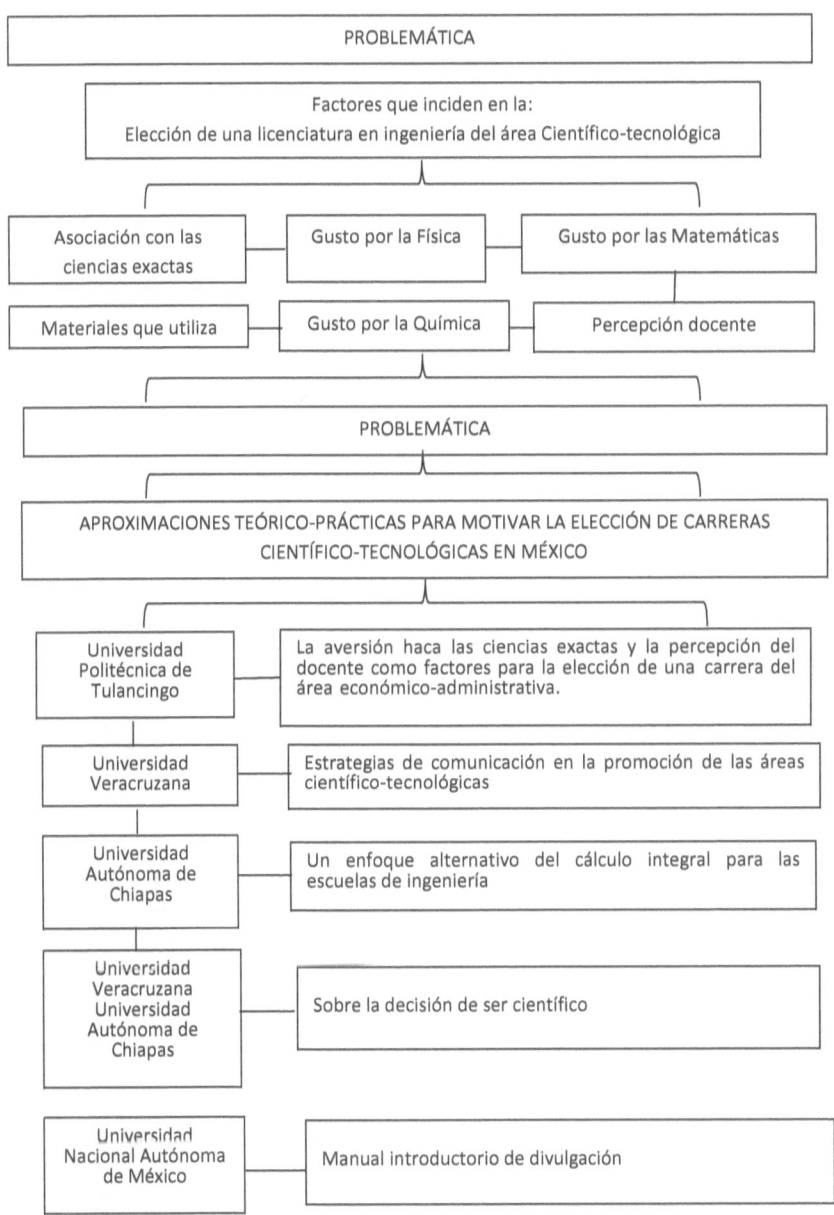

Fuente. Elaboración propia

Problemática original

La Universidad Politécnica de Tulancingo, UPT, forma parte del subsistema de universidades politécnicas creado en 2001 para ofrecer, principalmente, **carreras de ingeniería** y estudios de posgrado a nivel especialidad. La UPT inició actividades en septiembre de 2002, con una matrícula de 416 alumnos y una oferta educativa consistente en cuatro programas educativos: dos en el área económico-administrativa (EA) con las carreras de Administración y Gestión Empresarial, y dos del área de ingenierías (AI): en Sistemas Computacionales y en Tecnologías de Manufactura Industrial.

De 2002 a la fecha, a más de doce años de actividades, en la UPT se observa menor interés de los jóvenes en ingresar a una carrera del área de Ingeniería y Tecnología en comparación con áreas como por ejemplo, la económico-administrativa, lo cual se refleja en la baja matrícula., sin embargo, el bajo interés por las áreas de ingeniería no es privativo de la UPT, sino el reflejo de la situación que subsiste a nivel nacional. Estadísticas del 2007 mostraban una amplia diferencia entre el número de estudiantes de ambas áreas, señalándose un 46.9 por ciento de jóvenes cursando una carrera del área económico-administrativa y 33.4 una licenciatura en ingeniería y tecnología (ANUIES,2006). Para el estado de Hidalgo la situación se presenta en forma similar con una población escolar del área económico-administrativa de 48.2 por ciento y 31 por ciento en ingenierías.

Este fenómeno representa un tema en el cual es necesario profundizar, sobre todo, porque es preciso recordar que las educación tecnológica en el país, y especialmente las universidades politécnicas surgen con una vocación dirigida principalmente al área de ingeniería y hacia la formación de recursos humanos directamente vinculados con la producción de bienes y servicios, elementos claves en el crecimiento económico de la región, del estado y del país. Adicionalmente, la oferta educativa de las universidades politécnicas surgen de un riguroso estudio de pertinencia que garantiza la conveniencia de las carreras ofertadas por la UPT. Aunque basándose en los datos que se han mostrado con anterioridad pareciese que la oferta de carreras pertinentes, no genera por sí mismo la demanda suficiente para garantizar su éxito y subsistencia, por lo cual es preciso llevar a cabo un conjunto de estrategias de mercadotecnia relacional que motive y aliente el interés en la ingeniería y la tecnología, lo cual se vea reflejado en el incremento de matrícula en estas áreas que las carreras

Para ello se precisa partir de un diagnóstico que indique cuáles son los factores que inciden en la preferencia de un joven por estas áreas, y por qué es menor su interés en ellas, que por ejemplo en las del área económico-administrativa para después generar un modelo de marketing relacional que atraiga, retenga y de seguimiento a los estudiantes hacia esta área.

Antecedentes de la investigación

Las investigaciones sobre los servicios a los clientes, y la atención al cliente se remontan hace muchos años. En el ámbito de la mercadotecnia de servicios o marketing relacional se implementa en las múltiples estrategias que se utilizan para atraer, retener y brindar un mejor servicio al cliente, aunque no se lleva a cabo de manera sistemática, periódica y continua.

En los años ochenta el aspecto del servicio al cliente fue un asunto clave para las empresas en los enfoques de negocios y el marketing relacional surgió como un concepto que busca realinear la calidad, el servicio al cliente y el marketing, en esa época ningún sector se mantuvo alejado a esta nueva forma de promover los atributos de una organización entre los potenciales clientes; ahora el marketing relacional está surgiendo como el punto de referencia que integra el servicio a la clientela, estimando que los atributos son adecuados para captar clientes, en esta parte es donde el marketing relacional pretende cerrar el ciclo (Christopher et al., 1994).

El marketing relacional, es la herramienta que nos ofrece el sustento para lograr conseguir la confianza del cliente, y por consecuencia su recomendación a otros compradores; esto contribuye como una estrategia de relación con nuestra clientela, creando lazos estables que satisfagan y logren un beneficio en común (Sáinz, 2001). En cierta medida, se debe reconocer la importancia de la calidad percibida por los clientes y el concepto de la calidad de los servicios que una empresa ofrezca a los consumidores, los cuales tienen la función de comunicar de "boca en boca" la experiencia percibida en la calidad del servicio que utilizó, tomando en cuenta la calidad técnica del resultado (el qué) y la calidad funcional del proceso (el cómo) (Gronroos, 1994).

Manes (1997) realiza un análisis de la forma de trabajar de las instituciones privadas de años atrás, y que las situaciones cambian y ya no es posible trabajar de la misma forma, comenta que históricamente las escuelas privadas fueron más proclives a mirar hacia adentro, mejorar las redes de comunicación dirigidas hacia la comunidad educativa, incluir un servicio más amplio en función de las demandas de la misma. Pero en los últimos años, la ampliación de la oferta educativa y la consecuente mayor competitividad que trajo aparejada obligó a las instituciones a mirar hacia fuera, compararse con el otro, mejorar para sobrevivir en un mercado crecientemente demandante y exigente. Este proceso provocó ganadores y perdedores y esta cuestión se refleja claramente en los niveles de confianza que depositaron sus clientes en las mismas, ampliando o disminuyendo la matricula y dando la posibilidad o negándola para mejorar el servicio ofrecido, ampliando instalaciones, incluyendo equipamientos, actualizando su oferta, capacitando su plantel, entre otros aspectos que son primordiales para la institución de educación y sean considerados por los prospectos como atributos que contribuyan a su elección para continuar sus estudios en una determinada universidad. Es indispensable tomar en cuenta diferentes aspectos como la cultura, sociedad, oferta y demanda educativa, ética, fundamentos de administración, organización y marketing, para poder llevar a cabo una marketing adecuado en instituciones educativas y ser competitivos en el mercado (Manes, 1997).

Factores que intervienen en la falta de interés en las áreas de Ingeniería

Manero (2009) señala que el tema de la falta de interés en las áreas calificadas como "duras", tales como las matemáticas, la física y la química, asociadas fuertemente al estudio de las Ingenierías tiene sus raíces mismas en la educación en México, ya que ésta ha sido descriptiva, no formativa, al brindarle al estudiante conceptos que tiene que memorizar, y no razonar, asumiendo que quien mejor memorice es el más culto.

En este sentido, Rivas (2005) hace alusión a una enseñanza de la Matemática sin sentido, sin vinculación con la vida, desconectada de la realidad inmediata del niño, del puberto y del adolescente, con una orientación didactista centrada en la transmisión de contenidos con una avasallante unidireccionalidad la cual se define por ser impositiva, impuesta de forma mecánica e irreflexiva con un sesgo de mucha violencia por la manera como ella se asume en la escuela, se extiende al hogar y se reclama en la sociedad.

Según Mawasha (2000) uno de los problemas con los que se enfrentó el Programa de Pre Ingeniería implementado en la Universidad de Akron en Estados Unidos involucra a los estudiantes que tienen múltiples problemas (emocionales, sociales o económicos) que representan un obstáculo en su éxito. ecer consultas no académicas en términos de "franca y libre expresión".

León de Mendoza (2006) llevó a cabo un estudio en el cual pudo constatar que una adecuada orientación vocacional podía influir en la modificación del criterio de pre elección de carrera técnica en alumnos de nivel medio superior.

El contexto

Estado de Hidalgo

De acuerdo con el Censo Nacional de Población 2010 realizado por el Instituto Nacional de Estadística y Geografía (INEGI) el estado cuenta con una población de 2 millones 665 mil 018 habitantes y una densidad de 127.84 habitantes por kilómetro cuadrado. El 51.4 por ciento son mujeres y el 48.6 por ciento (1 millón 285 mil 222) son hombres.

El crecimiento de la población de jóvenes entre 15 y 24 años, que seguirá dominando por la inercia demográfica por casi tres lustros más ejercerá, en consecuencia una fuerte presión sobre la oferta de educación media superior y superior. Este escenario hace posible visualizar que la matrícula en el nivel medio superior se incremente cerca del 70 por ciento durante los próximos 10 años, en tanto que la del nivel superior lo hará alrededor del 50 por ciento, con la consecuente aspiración de este grupo de jóvenes de incorporarse al sector productivo.

Educación media superior

La educación media en el estado ha mantenido un crecimiento sostenido, pero falta incrementarlo principalmente en zonas marginadas e indígenas.

Resaltan en este nivel el Colegio de Bachilleres del Estado de Hidalgo (COBAEH) y el Colegio de Estudios Científicos y Tecnológicos del Estado de Hidalgo (CECYTEH). El primero atendía al inicio de la presente administración 18,653 estudiantes en 59 centros educativos; 24 planteles y 35 centros de educación media superior a distancia (CEMSaD); actualmente cuenta con 78 centros educativos, 36 planteles y 41 CEMSaD y una extensión.

Con respecto al CECYTEH, este subsistema incrementó su matrícula en 62 por ciento al pasar, en seis años, de 9,942 alumnos a 16,023.

Educación superior en el estado de Hidalgo

En el estado existen cinco universidades tecnológicas, tres institutos tecnológicos federales, tres institutos tecnológicos descentralizados y cinco universidades politécnicas: Tulancingo, Pachuca, Huejutla, Metropolitana y Francisco I. Madero.

Sistema de Universidades Politécnicas

La Universidad Politécnica de Tulancingo, UPT, forma parte del subsistema de universidades politécnicas creado en nuestro país en 2001 para ofrecer, principalmente, carreras de ingeniería y estudios de posgrado a nivel especialidad.

La creación de las universidades politécnicas en la República Mexicana atiende a las recomendaciones emitidas por diferentes organismos internacionales y el propio gobierno federal, vertidas a través del Programa Nacional de Educación, en el cual se asienta que la calidad y pertinencia de los aprendizajes deben corresponder a las demandas del mundo contemporáneo. Con este modelo se atiende la máxima prioridad a las competencias básicas de aprendizaje para acceder a la cultura, a la información, a la tecnología y para continuar aprendiendo. De esta forma el aprendizaje obtenido por el alumno puede ser demostrado una vez completado un proceso de aprendizaje. Adicionalmente al dominio de las competencias básicas se deben procurar aprendizajes que favorezcan el desarrollo de capacidades de equilibrio personal, de relación interpersonal, de inserción social y desarrollo cognitivo, con especial atención en habilidades que permitan aprender a aprender e interpretar, organizar, analizar y utilizar la información.

Universidad Politécnica de Tulancingo

Su decreto de creación data del 2 de diciembre de 2002 en el cual se define como un Organismo Descentralizado de la Administración Pública del Estado de Hidalgo con personalidad jurídica y patrimonio propio. De manera formal sus operaciones iniciaron el 18 de septiembre de 2002. Según estadísticas mostradas en su página web www.upt.edu.mx, la UPT en el periodo 2013-2014 sumó una matrícula de 2 mil 654 alumnos.

Los estudiantes de la UPT pueden cursar sus programas académicos en tres modalidades: la escolarizada cuatrimestral, es decir, con su asistencia diaria en un horario corrido., la ejecutiva cuatrimestral, dirigida a personas que estudian entre semana y quieren cursar una carrera el fin de semana., y a distancia cuatrimestral, que se realiza mediante videoconferencias en sedes remotas con las que cuenta la institución.

Las licenciaturas que se pueden cursar en 2015 son: en Administración y Gestión de Pymes (2002)., en Negocios Internacionales (2002)., en Electrónica y Telecomunicaciones (2005)., en Ingeniería Industrial (2011)., en Tecnologías de la Manufactura (2002)., en Robótica (2008)., en Sistemas Computacionales (2002) e Ingeniería Civil (2013).

Adicionalmente ofrece los posgrados en: Computación Óptica (2009)., Contribuciones Fiscales (2012)., Dirección Comercial (2010)., Ingeniería (2009)., Energías renovables (2013) y doctorado en Optomecatrónica (2013).

Educación Media Superior

La educación media superior se divide en tres grandes programas: i) bachillerato general., ii) educación profesional técnica, la cual es de índole terminal y por tanto no permite al estudiante continuar con estudios superiores., y el bachillerato tecnológico bivalente que permite ingresar alguna licenciatura y brinda un título técnico con el cual los egresados pueden incorporarse al mercado de trabajo.

Instituciones de Educación Media Superior en Tulancingo

En la Región Tulancingo, conformada por los municipios de Cuautepec, Santiago y Tulancingo, en el 2012 se contaba con cinco Instituciones de Educación Media Superior, IEMS, públicas:

Tabla 2. Bachilleratos de la Región Tulancingo.

MUNICIPIO	BACHILLERATO	TIPO DE BACHILLERATO
Tulancingo	CONALEP	Tecnológico
	CBTIS 179	Tecnológico
	COBAEH	General
Cuautepec	COBAEH	General
Santiago	CECYTEH	Tecnológico

Fuente: Elaboración propia

Acerca del CONALEP

A fines de los años setenta del siglo pasado, las autoridades educativas a nivel federal se hallaron ante una gran demanda para contar con el servicio de educación media superior ya que la oferta había sido rebasada. Por ello, en 1978 se crea CONALEP mediante decreto presidencial con el fin de otorgar formación profesional técnica a nivel terminal a los egresados de secundaria, insertando a sus egresados en el sector de servicios. En 1994, CONALEP reforma su modelo educativo, adoptando el esquema de Educación Basada en Normas de Competencias (EBNC) y elimina el desarrollo terminal de sus carreras técnicas, de modo que un egresado del sistema CONALEP tiene la opción de ingresar a una institución de educación superior, además de contribuir en el mercado de trabajo con su labor.

En 2003 entra en una nueva reforma de su modelo educativo, esta vez para implementar la metodología de la Educación y Capacitación Basada en Competencias Contextualizadas (ECBCC),

Acerca del Centro de Bachillerato Tecnológico Industrial y de Servicios, CBTIS 179

El Centro de Bachillerato Industrial y de Servicios 179, CBTIS 179 inició labores en la ciudad de Tulancingo el 10 de octubre de 1983.

El CBTIS 179 ofrece una preparación es bivalente, es decir, que al terminar el bachillerato, el egresado puede continuar estudios a nivel licenciatura en el área físico matemáticas o en el área económico administrativo, y está capacitado para integrarse al sector productivo o establecer una pequeña industria de manera independiente ya que obtienen un certificado que lo acredita como bachiller, y un título registrado en la SEP y en Dirección General de Profesiones que lo avala y le permite ejercer su actividad profesional.

Acerca del Colegio de Bachilleres del Estado de Hidalgo, COBAEH

El COBAEH fue creado el 28 de Septiembre de 1984 bajo la modalidad de bachillerato general con formación para el trabajo; es un organismo público descentralizado del gobierno del estado de Hidalgo en donde la federación aporta un 50% de su presupuesto y el otro 50% lo aporta el gobierno estatal.

En 2013, el COBAEH cuenta con 36 Planteles, 38 Centros de Educación Media Superior a Distancia (CEMSaD) y 4 extensiones educativas, lo cual suma un total de 78 centros educativos, que cubren 54 de los 84 municipios del estado de Hidalgo lo que representa una presencia de un 65%.

Acerca del Centro de Estudios Científicos y Tecnológicos del Estado de Hidalgo, CECYTEH

El CECYTEH tiene como objetivo formar técnicos y estudiantes de excelencia académica, que cuenten con las habilidades, destrezas, competencias, actitudes y conocimientos, que les permitan incorporarse exitosamente a la planta productiva y al desarrollo científico y tecnológico del país. Por otra parte en la visión plasmada en la página del plantel se señala que el CECYTEH tendrá como meta proporcionar servicios de educación media superior tecnológica que cumplan con los requisitos establecidos para formar personas competentes que satisfagan y coadyuven al desarrollo del entorno; comprometidos con la mejora continua de la eficacia del sistema de gestión de calidad.

Metodología

Diseño de la investigación

En esta investigación se trabajó con un diseño no experimental, cuantitativo. Se empleará un estudio descriptivo ya que se medirán, evaluarán y se recolectarán datos sobre los diversos aspectos y componentes del presente estudio. Se trata también de una investigación transeccional ya que analizará el suceso en un periodo de tiempo determinado y no a lo largo del tiempo.

Figura 1. Metodología del proyecto de investigación.

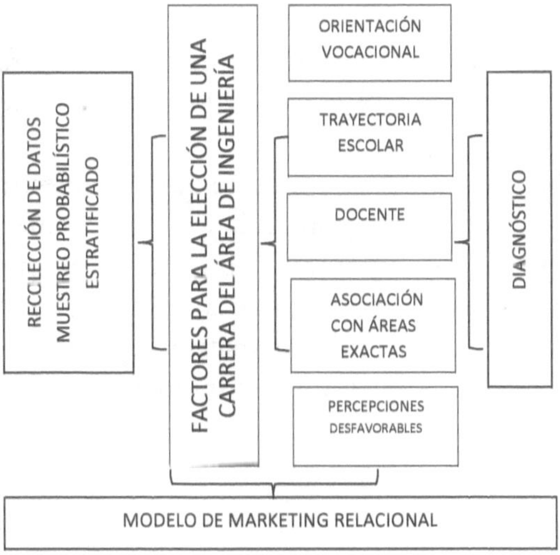

Fuente: Elaboración Propia.

HIPÓTESIS:

H1. La Trayectoria escolar del alumno influye en su decisión de cursar una carrera del área de ingenierías.

H2. Las percepciones desfavorables del alumno hacia las carreras del área de ingeniería influyen en su decisión de estudiar una carrera de ingenierías.

H3. La asociación de un mayor contenido de materias de las ciencias exactas en las ingenierías influye en la decisión del alumno de estudiar una carrera de esta área.

Hi4. La percepción que tiene el alumno hacia el docente de las áreas de las ciencias exactas influye en su decisión de estudiar una carrera del área de ingeniería.

Hi5. La orientación vocacional recibida por el bachiller influye en su decisión de estudiar una carrera del área de ingenierías.

Selección de la Muestra

Se utilizará el muestreo probabilístico estratificado. La fórmula utilizada es la propuesta por Fischer y Navarro (1996) para poblaciones finitas.

La población objetivo son los alumnos de quinto semestre de bachillerato de las instituciones de la región Tulancingo, Cuautepec, Santiago y Tulancingo. La unidad de muestreo fue de 1132 alumnos y el tamaño de la muestra de 287, con una confianza del 95%, un error del 5 % y una probabilidad de .05 de éxito y fracaso. La población objetivo fue geográficamente estratificada en los tres municipios de acuerdo a la tabla siguiente:

Tabla 3: Distribución de alumnos por plantel

PLANTEL	GRUPOS	ALUMNOS x plantel	%	ponderación no. encuestas a realizar x plantel	
COBAEH CUAUTEPEC	8	239	21.11	60.59	61
COBAEH TULANCINGO	3	88	7.77	22.30	22
CONALEP TULANCINGO	6	195	17.23	49.45	50
CBTIS 179	10	401	35.42	101.66	102
CECYTEH SANTIAGO	8	209	18.46	52.98	53
		1132	100	286.97	287

Fuente: Elaboración propia con información de los planteles.

Recopilación de Datos

Para recolectar los datos de la muestra de alumnos se diseñó un instrumento propio (Anexo 1). El Instrumento está constituido por 25 ítems los cuales corresponden a las cinco variables: trayectoria escolar, percepciones desfavorables, docentes, asociación con materias de las ciencias exactas y orientación vocacional.

Análisis de resultados

Para la obtención de resultados se utilizaron las técnicas de ANOVA, Prueba de muestras independientes, Chi cuadrada, Prueba de contingencia de coeficiente y análisis discriminante. De acuerdo a los datos obtenidos en cada una de las dimensiones, se aplicó la técnica estadística correspondiente y se fueron descartando aquellos datos que no apoyaran de manera significativa las hipótesis planteadas en este estudio.

A continuación se muestran los resultados con las variables significativas.

Tabla 4. Análisis de resultados

HIPÓTESIS	CATEGORÍA	RELACIÓN CON	TÉCNICA	RESULTADO		ANÁLISIS
H2	Materia menor promedio en secundaria	Por qué menos promedio	Coeficiente de contingencia	.012		Si es significativa
H2	Relación con las matemáticas	Interés en estudiar ingenierías	Tablas cruzadas	SI	NO	Significativa
				3.9	34.8	
			Chi cuadrada	.006		Significativa
H2	Gusto por las matemáticas	Interés por estudiar ingeniería	Chi cuadrada	.004		Significativa
H2	Gusto por la Física	Interés por estudiar Ingeniería	Chi cuadrada	.000		Significativa
H2	Gusto por la Química	Interés estudiar Ingeniería	Chi cuadrada	.000		Significativa
H2	Explica las clases	Gusto por las matemáticas	Chi cuadrada	.005		Significativa
			F	.001		Significativa
H4	Utiliza materiales adecuados	Gusto por las matemáticas	Chi cuadrada	.001		Significativa
			F	.003		Significativa

Fuente. Elaboración propia con datos de SPSS.

Conclusiones

Como puede observarse en la tabla de resultados generales, para los estudiantes de quinto semestre de bachillerato de la Región Tulancingo, las variables con mayor incidencia en el interés mostrado por los bachilleres de estudiar una carrera del área de ingenierías son: el gusto por las matemáticas, y la percepción docente en sus categorías: i) forma en que explica y ii) los materiales que utiliza. También existe relación entre aquellos que gustan de las materias de las ciencias exactas (física, química y matemáticas) y quienes desean estudiar una ingeniería.

Referencias

Alfaro, F.M. 2004. Temas clave en el Marketing Relacional. Madrid: Mc Graw Hill.

Asociación Nacional de Universidades e Instituciones de Educación Superior, ANUIES, página web consultada el 11 de julio de 2009 desde http://www.anuies.mx/.

Bagheri, Azadeh (Agosto, 2010). Exploitation of Customer Relationship Management (CRM) for Strategic Marketing in Higher Education. Creating a Knowledge-based CRM Framework for Swedish Universities. Tesis de maestría no publicada, Jonkoping International Businees School, Jonkoping University.

Barroso, C.; Martin E. (1999). Marketing Relacional. México: ESIC Editorial.

Carrión, J. (2007). *Estrategia: de la visión a la acción*. México: ESIC. Christopher, M.; Payne, A.; Ballantyne, D. (1994). Marketing relacional: integrando la calidad, el servicio al cliente y el marketing. México: Ed. Díaz de Santos.

COHEN, JAMES JEROME 1973 *La percepción del mundo visual,* Buenos Aires, Trillas. COREN, STANLEY CLARE PARC Y LAWRENCE.

Coordinación de Universidades Politécnicas (2009). Modelo educativo. Página web consultada el 10 de julio de 2009 desde www. politecnicas. sep. gob.mx

Entrevista personal con el M.C. Luis Téllez Reyes, Rector de la UPT, julio

Entrevista personal con Mireya Pérez Gonzalez, Departamento de Servicios Escolares de la UPT, julio de 2009.

Gronroos, C. (1994). Marketing y gestión de servicios. Díaz de Santos. Argentina.

Gronross, C. (1989). Definining marketing. A market-oriented approach. European Journal of Marketing, vol. 23.

Gummesson, E. (2001). Relationship marketing activities, commitment, and membership behaviors in professional associations. Journal Marketing, vol.64, no.3.

Hidalgo, Gobierno del estado de (2009). *Ideología.* Secretaría de educación pública. Estado de Hidalgo. Página web consultada el 12 de julio de 2009 desde http://s-educacion.hidalgo.gob.mx/.

Instituto Nacional de Estadística Geografía e Informática,

Kotler, P.; Keller, L. (2006). Dirección de marketing. Pearson. México.

La Jornada en la Ciencia. *Imposible el Desarrollo de México sin el concurso de la Ciencia. Rosaura Ruiz Ponencia presentada en el encuentro "La ciencia en México, zona de desastre", realizado 16 de junio de 2009 en la sede de la Academia Mexicana de Ciencias. Obtenida desde* http://ciencias.jornada.com.mx/

ciencias/investigacion/ciencias-sociales-y-humanas/investigacion/
imposible-el-desarrollo-de-mexico-sin-el-concurso-de-la-ciencia.

Melchor, Torres, Gómez (Agosto, 2009) *Análisis de los atributos para elegir una educación superior entre los bachilleres, UPAEP.* Trabajo de Investigación no publicado, Universidad Popular Autónoma del Estado de Puebla.

Microsoft (2009). Case study details. Obtenido de la página de Internet crm.dynamics.com, el día 08 de julio de 2009.

Molina, D. (2001). *Material de Apoyo Instrucciónal. Curso Orientación Educativa.* Barinas: Unellez.

Montesinos, L (2010). Estrategias cognitivas y metacognitivas para la solución de problemas matemáticos en el nivel medio superior. Tesis de maestría no publicada. División de Posgrados. Universidad Mesoamericana. Chiapas.

Morgan, R.; Hunt, S (1994). *The commitment-trust theory of relationship marketing.* Journal of Marketing. Vol. 58, no. 3

MUÑIZ Martelón, Patricia E. trayectorias educativas y deserción universitaria en los ochenta. ANUIES, México, 1997.

Naresh K. Malhotra (2004). Investigación de Mercados. Pearson. México

Narver, J; Slater (1998) Creating a market orientation. Journal of Market-Focused Management, Vol. 2, No. 3

Petrella, C. (2008, noviembre 25). *Gestión de la relación de las universidades con docentes, estudiantes y egresados.* Revista Iberoamericana de Educación 2008. 5-25.

Reinares, P (2002). Marketing Relacional, un nuevo enfoque para la seducción y fidelización del cliente. Editorial Prentice Hall. España.

Renart, Luis, G. (julio, 2005). CRM: Tres estrategias de éxitos. Extraído el 19 de noviembre de 2010, desde www.ebcenter.org.

Renart, Luis, G. (JULIO, 2005). *Las claves del Marketing Relacional bien hecho.* Extraído el 10 de noviembre de 2012, desde www.ebcenter.org.

Ruiz, R (2011). Memoria de gestión, 2005-2011. Secretaría de Educación Pública de Hidalgo. Gobierno del estado de Hidalgo, Pachuca de Soto, Hidalgo 2011.

Sáinz, M. (2001). La distribución comercial: opciones estratégicas. ESIC. México.

Universidad de Guadalajara. Fondo concurrente para incremento de la matrícula en educación superior de las universidades públicas estatales con apoyo solidario. Página web consultada el 6 de julio desde http://pifi. sep.gob.mx/ePIFI/Retros/14MSU0010Z/PDFs/g0_Grande.pdf

Vázquez, J. (2011). Desarrollo Estratégico desde el enfoque CRM para instituciones educativas de Educación Superior. Caso. Universidad Nacional de Colombia Sede Manizalez. Tesis de maestría no publicada, Facultad de Administración, Universidad Nacional de Colombia.

Montesinos, L (2010). Estrategias cognitivas y metacognitivas para la solución de problemas matemáticos en el nivel medio superior. Tesis de maestría no publicada. División de Posgrados. Universidad Mesoamericana. Chiapas.

Chica, J.C (2000). Del Marketing de Servicios al Marketing Relacional. Revista Colombiana de Marketing, octubre, año/vol.4, número 006. Universidad Autónoma de Bucaramanga. Colombia, pp.60-67

Ossandón, Yakko (2001). Sistemas tutores: una alternativa para el proceso enseñanza-aprendizaje en la ingeniería. Revista Facultad de Ingeniería, enero-diciembre, vol. 9. Universidad de Tarapaca, Arica, Chile. Pp-63-67

Mawasha, P(2000). Un enfoque innovador para la capacitación de estudiantes a nivel de licenciatura en la investigación de ciencias de los materiales e Ingeniería. Journal of Materials Education, año/vol.22, número 004-006. Universidad Autónoma del Estado de México. Toluca-México, University of North Texas, Denton USA, pp.149-158.

Corsi, J(2003)(Comp). Maltrato y abuso en el ámbito doméstico. Buenos Aires. Paidós.

Sallez, V y Tuirán, R. (2000) ¿Cargan las mujeres con el peso de la pobreza? En M. López y V. Salles (Comps): Familia, género y pobreza (pp.47-94) México: Miguel Ángel Porrúa.

Torres, L y Rodríguez, N. Rendimiento académico y contexto familiar en estudiantes universitarios. Enseñanza en Investigación en Psicologíaa, julio-diciembre, año/vol. 11, número 002, Universidad Veracruzana, Xalapa, México. Pp.255-270

Rivas, P. (2005). La educación matemática como factor de deserción escolar y exclusión social. Educere, abril-junio, año/vol. 9, Número 029, Universidad de los Andes, Mérida, Venezuela, pp.165-170.

Rivaud, J (2004). La enseñanza de las Matemáticas en las escuelas de Ingeniería. Acta Universitaria, mayo-agosto, año/vol. 14, número 002. Universidad de Guanajuato, México. Pp.5-7.

Isaacs, J.A (2001) Mejorando el éxito de los estudiantes de la licenciatura en Ingeniería: un taller de enseñanza para los profesores y los asistentes académicos. Journal ol Materials Education, primavera, año/vol 22, número 1-3. Universidad Autónoma del Estado de México: University of North Texas. Toluca, México. Pp. 88-94

UN ENFOQUE ALTERNATIVO DEL CÁLCULO INTEGRAL PARA ESCUELAS DE INGENIERÍA

Germán Muñoz Ortega
Centro de Investigación en Matemática Educativa.
Facultad de Ingeniería. Universidad Autónoma de Chiapas
yaltzil@unach.mx; german_munoz_ortega@hotmail.com

Introducción

Presentamos una problemática de la enseñanza del Cálculo integral así como una revisión del tratamiento escolar en algunos textos de Cálculo con el fin de observar algunos efectos del discurso matemático escolar vigente en los profesores y estudiantes de Ingeniería. A partir del análisis anterior y con base en estudios de tipo epistemológico, cognitivo y didáctico (Muñoz, 2006; Muñoz, 2007; Muñoz, 2010a) proponemos un enfoque alternativo del Cálculo integral para la formación de Ingenieros por medio de la discusión de *situaciones* (fundamentadas en la teoría socioepistemológica: Cordero, 2001; Cantoral, 2014) en el contexto de la Cinemática y tomando como columna vertebral a las nociones de Predicción, Acumulación y Constantificación de lo Variable (Cantoral, 2001; Cordero, 2003; Muñoz 2010b).

1. Problemática del cálculo integral escolar

La elección del corpus matemático se realizó debido a una problemática fundamental en la Matemática Educativa propia de la enseñanza en la que están inmersos los estudiantes de Cálculo integral que consiste en la separación entre lo conceptual y lo algorítmico. Por ejemplo, a los estudiantes se les enseñan procedimientos para calcular integrales con los llamados métodos de integración sólo a través de ejercicios repetitivos y de una manera separada de la parte conceptual; es hasta que se abordan las llamadas *aplicaciones* cuando se estudian algunos aspectos de las nociones asociadas a la integración. Sin embargo, en algunos casos, se reduce la parte conceptual a la definición de integral de Cauchy o a la definición de Riemann; no obstante, se realiza el cálculo de las integrales usando, en cierto modo, el teorema fundamental del cálculo.

Además, los tiempos dedicados a la enseñanza de lo conceptual y a la enseñanza de lo algorítmico son diferentes. Por ejemplo, en nuestro sistema educativo se llega a utilizar casi la totalidad de un semestre escolar para ejercitar el cálculo de primitivas, y sólo en lo que resta del semestre se abordan algunas aplicaciones.

La problemática anterior se ha convertido en un motor potente para el desarrollo de investigaciones didácticas en el campo del cálculo. También ha motivado numerosos proyectos de innovación de la enseñanza, en especial en los niveles de la educación media y el ciclo básico universitario. Se pueden citar casos como la renovación global del currículo en Francia y Australia, o como las innovaciones y experimentaciones de cada vez mayor amplitud en los Estados Unidos (Artigue & Ervynck, 1992; citado en Artigue, 1995, p. 98).

El desarrollo de la problemática en Matemática Educativa la hemos caracterizado como sigue:

a) Primacía de lo algorítmico sobre lo conceptual, por ejemplo, se han centrado en las dificultades algebraicas del cálculo de primitivas y de las sumatorias de Riemann (Orton, 1983).

b) Primacía de lo conceptual sobre lo algorítmico, por ejemplo, el proyecto Cálculo en contexto en Estados Unidos (Tucker, 1991) o también, por ejemplo, se puede apreciar en Francia (Artigue, 1991, 1995).

c) Una especie de relación dialéctica entre lo conceptual y lo algorítmico (Muñoz, 2000; Muñoz, 2006; Muñoz, 2007; Muñoz, 2010a; Muñoz, 2010b), marco en el cual se desarrollan nuestras investigaciones.

2. *Tratamiento escolar del cálculo integral en algunos textos*

Revisamos la presentación de ciertos procedimientos para hallar la integral, en algunos textos de Cálculo, para poder analizar algunos aspectos del discurso matemático escolar asociado a la integral. En primer lugar analizamos el libro *Cálculo Diferencial e Integral* de Granville por ser un texto elemental de Cálculo y que ha sido usado tradicionalmente por los profesores del nivel medio superior. En segundo término analizamos el libro *Cálculo con Geometría Analítica* de Swokowski como representativo de los libros que aparecieron en la década de los ochentas en México y es usado con cierta frecuencia por los profesores del nivel medio superior y superior de nuestro sistema educativo. Sin embargo, precisar cual se usa en cada nivel es difícil porque depende de la preferencia de cada profesor, incluso usa 2 ó 3 para preparar la clase.

2.1. Revisión de un texto elemental de Cálculo

Se tomó la Decimaoctava Reimpresión (Granville, 1994) que se considera (en el prólogo) como una edición revisada y aumentada del texto. Este libro, es uno de los más usados por los profesores del nivel medio superior. La primera publicación apareció en el año de 1904 y ha sido reimpreso consecutivamente hasta la fecha. Granville inicia el estudio del Cálculo integral en el capítulo XII (pág. 227-276) -de 27 capítulos-; y continúa hasta el capítulo XVIII (pág. 411). Después estudia las series en el capítulo XIX y XX; en el capítulo XXI estudia a las ecuaciones diferenciales ordinarias (pág. 458 a 504) y el capítulo XXVII lo denomina tabla de integrales (pág. 660 a 677).

Revisemos el argumento que antecede a los procedimientos para hallar la integral, en las palabras del autor: "... *el problema del Cálculo integral se enuncia como sigue: Dada la diferencial de una función, hallar la función. La función f (x) que así se obtiene se llama una integral de la expresión diferencial dada; el procedimiento de hallarla se llama integración; la operación se indica escribiendo el signo integral "$\int$" delante de la expresión diferencial dada; así, $\int f'(x)dx = f(x)$ que se lee la integral de $f'(x)dx$ es igual a f (x)... La diferencial dx indica que x es la variable de integración ...*" (Granville, 1994, p.228).

Cabe aclarar que el símbolo "$\int$".lo introduce Leibniz para denotar la suma de diferencias, sin embargo, Granville, en todo el capítulo XII, lo emplea simplemente como un operador que hace pasar del diferencial a la función y viceversa; como puede observarse en "*....si $\dfrac{d}{dx}$ e $\int ...dx$ se consideran como símbolos de operación, son inversos el uno del otro. O si empleamos diferenciales, d e $\int$ son inversos el uno del otro. Cuando d antecede a $\int$,..., ambos signos se anulan mutuamente; pero cuando $\int$ antecede a d,..., eso, en general, no será cierto...*" (Granville, 1994, p.229).

Este argumento lo utiliza para introducir la constante de integración y describir la integral indefinida como $\int f'(x)dx = f(x) + C$, además asume que toda función continua (se refiere a $f'(x)$) tiene una integral indefinida. A continuación proporciona reglas para integrar las formas elementales ordinarias (así las llama) sin embargo, señala: "*...El cálculo diferencial nos ha proporcionado una regla general para obtener la derivada y la diferencial. El cálculo integral no da una regla general correspondiente, que pueda aplicarse fácilmente en la práctica para la operación inversa de la diferenciación. Cada caso necesita un trato especial, y se llega a la integral de una expresión diferencial dada por medio de nuestro conocimiento de los resultados de la diferenciación. Es decir, resolvemos el problema contestando a la pregunta, ¿qué función, diferenciada, producirá la expresión diferencial dada?*"

La integración es, pues, un procedimiento esencialmente de ensayos. Para facilitar el trabajo, se forman tablas de integrales conocidas, que se llaman tablas de integrales inmediatas. Para efectuar una integración cualquiera, comparamos la expresión diferencial dada con las tablas. Si se encuentra registrada en ellas, se sabe la integral. Si no está registrada, miraremos, por varios métodos, de reducirla a una de las formas registradas. Como muchos de los métodos se sirven de artificios que sólo la práctica puede sugerir, una gran parte de nuestro texto se consagrará a la explicación de métodos para integrar las funciones que se encuentran frecuentemente en la resolución de problemas prácticos. De todo resultado de diferenciación puede deducirse siempre una fórmula para integración ..." (Granville, 1994, p. 231).

Cuando menciona que el Cálculo integral no da una regla general para encontrar a la integral, si se mira a esta como la operación inversa de la diferenciación, está reconociendo que los procedimientos para hallar la integral no son algorítmicos si se asocia dicha conceptualización con la integral. A este tipo de procedimientos les podemos llamar procedimientos heurísticos (en el sentido de Vergnaud, 1991), ya que no conducen necesariamente a la solución de todos los problemas de una cierta clase; por ejemplo, $\int e^{-x^2} dx$. Lo cual no significa que el problema no tiene solución.

Más adelante señala en forma de observación que: "... *una integral tan sencilla como* $\int \sqrt{x}$ sen xdx *no se puede calcular; es decir, no hay ninguna función elemental cuya derivada sea* $\sqrt{x}$ sen x ..." (Granville, 1994, p. 274). El autor le proporciona un rango mayor a los métodos analíticos algebraicos (que proporcionan la solución de una integral en términos de funciones elementales) que a los métodos de integración numérica (sólo del capítulo XIV, de la pág. 297 a la 302) y a la integración por series (en el capítulo XX, de la pág. 445 a 447).

En el capítulo XIV caracteriza a la integral definida en términos de la variación continua de área y el diferencial de área bajo una curva $dA = f(x)dx$ e integra para obtener el área $A = \int f(x)dx = F(x) + C$ para luego establecer $A = \int_a^b f(x)dx = F(b) - F(a)$ que es el área limitada por la curva $y = f(x)$, el eje de las x y las ordenadas que corresponden a $x=a$ y $x=b$. Entonces menciona que el procedimiento para el cálculo de una integral definida puede resumirse como: *"...Primer paso: Integrar la expresión diferencial dada. Segundo paso: Reemplazar la variable en esta integral indefinida en primer lugar por el límite superior, después por el inferior, y restar el segundo resultado del primero..."* (Granville, 1994, p. 289). En este procedimiento caben los mismos comentarios que hicimos de la integral indefinida debido a que el primer paso es el cálculo de dicha integral.

Hasta esta parte del texto, Granville no le ha asociado a la integral un significado como *suma*, de hecho este significado aparece hasta la página 298 cuando habla de la integración aproximada, sin embargo, en un párrafo anterior discute acerca de la representación geométrica de la integral, en donde aclara que: *"... la integral definida ha aparecido como área. Esto no significa necesariamente que toda integral definida sea un área, porque la interpretación física del resultado depende de la naturaleza de las magnitudes que representen la abscisa y la ordenada... Pero supóngase que la ordenada represente la velocidad de un punto móvil, y que la abscisa correspondiente represente el tiempo cuando el punto tiene esa velocidad; entonces la gráfica es la curva de la velocidad del movimiento, y el área bajo ella entre dos ordenadas representa la distancia recorrida en el intervalo de tiempo correspondiente. Es decir, "el número" que representa el área es igual al número que representa la distancia (o el valor de la integral)..."* (Granville, 1994, p. 297).

Esta aclaración es el argumento que antecede a la presentación de las reglas para determinar aproximadamente el valor de la integral definida, como son la fórmula de los trapecios y la fórmula de Simpson. En este momento es cuando aparece la integral como suma (pero no como suma de Riemann) para encontrar el área aproximada que es, en *número*, igual al número que representa la cantidad buscada (distancia, volumen, fuerza etc.).

Así es como, en la introducción de la integración aproximada menciona que: *"... Ahora demostraremos dos reglas para determinar aproximadamente el valor de $\int_a^b f(x)dx$. Estas reglas son útiles cuando la integración...es difícil o no se puede efectuar en términos de funciones elementales..."* (Granville, 1994, p. 297). Estas reglas de acción (procedimientos) son algorítmicas porque conducen necesariamente a la solución de todos los problemas de una cierta clase (Vergnaud, 1991).

Granville obtiene la fórmula en un contexto geométrico, utilizando la fórmula para encontrar el área de un trapecio y luego sumando estas áreas para obtener el área aproximada pero no con el objetivo de encontrar áreas bajo la curva *per se* sino de asociar el <u>número</u> que representa el área con el número que representa la cantidad buscada (distancia, volumen, masa etc.). Sólo usa el procedimiento de sumar en un ejemplo (Granville, 1994, p. 334) para plantear y resolver los problemas con la fórmula de los trapecios y la de Simpson.

A continuación, en el capítulo XV introduce la integral como suma, pero como suma de Cauchy-Riemann y presenta las aplicaciones prácticas tradicionales: áreas limitadas por curvas, volúmenes de sólidos de revolución y longitud de un arco de curva. Sin embargo, el procedimiento de suma no lo usa para calcular el valor de la integral definida sino que emplea el procedimiento delineado anteriormente (Granville, 1994, p. 289). De hecho, la suma a la Cauchy-Riemann sólo la emplea para plantear los problemas.

Enseguida todo el capítulo XVI lo dedica a discutir los Artificios de Integración (de la pág. 352 a la 373) y todo el capítulo XVII a discutir las Fórmulas de Reducción junto con el uso de tablas de integrales. En el capítulo XVIII analiza problemas sobre centros de gravedad, presión de líquidos, y trabajo, en los cuales toma elementos diferenciales para después integrar. La integración la realiza utilizando antidiferenciación.

De manera que, el camino que recorre para poder evaluar o hallar integrales definidas es muy largo. Primero habla de la antiderivada, pero en ese momento no desarrolla métodos, luego discute la integral definida vía la definición de Riemann solamente para plantear los problemas, sin embargo, usa aspectos del teorema fundamental del Cálculo para hallar la solución.

2.2. Revisión de un texto de Cálculo con geometría analítica

El libro de Swokowski es usado, con cierta frecuencia, por los profesores de nivel medio superior y superior. Sus características, en general, son muy semejantes a los libros que aparecieron en la década de los ochentas que se titulan *Cálculo con Geometría Analítica* (como el de *Leithold* o el de *Edwards y Penney*).

Se tomó la segunda edición en español (Swokowski, 1989) en la cual el autor menciona que (en el prólogo); "*...Una de sus metas fue mantener la solidez matemática de la versión anterior, pero con un lenguaje menos formal... y poniendo más énfasis en las gráficas y las figuras ... Otro de los objetivos fue destacar la utilidad del Cálculo a través de una variedad de nuevos ejemplos y ejercicios de aplicación en muchas disciplinas diferentes...*".

Swokowski, inicia el estudio del Cálculo integral en el capítulo IV (pág. 218) con un apartado sobre antiderivadas. Revisemos el argumento, que antecede a los procedimientos para hallar la integral: "*...Una manera equivalente de enunciar el problema inverso es: Dada una función f, encontrar una función F tal que F'=f ... Una función F es una antiderivada de otra función f si F'=f ... A veces se llama funciones primitivas a las antiderivadas. El proceso de encontrar una antiderivada se llama antiderivación...*" (Swokowski, 1989, p. 218).

Con este argumento introduce la constante de integración y la *regla de la potencia para las antiderivadas* (así la llama el autor), la cual utiliza para encontrar la antiderivada más general de x^n. Luego discute algunos problemas en donde aplica dicha regla.

Después, en el capitulo V estudia a la integral definida vía la definición de Riemann, sin embargo, para evaluar integrales definidas introduce el teorema fundamental del cálculo y la integral indefinida en donde menciona que: "*... Debido a la relación que existe entre la antiderivada y la integral definida en virtud del Teorema Fundamental del Cálculo. Nótese que la integral indefinida no es más que otro simbolismo para la antiderivada más general de f. En vez de llamar antiderivación al proceso de encontrar F para una f dada, se denominará integración indefinida. Como* *la integral indefinida de f es una antiderivada, el Teorema Fundamental del Cálculo relaciona las integrales definida e indefinida como sigue:* $\int_a^b f(x)dx = [\int f(x)dx.]_a^b$. *Entonces, pueden evaluarse integrales definidas de una función f si se conoce su integral indefinida. En capítulos posteriores se desarrollan <u>métodos</u> para hallar las integrales indefinidas de muy diversas funciones ...*" (Swokowski, 1989, p. 260). Estos métodos son procedimientos para hallar la integral que no son algorítmicos, como ya se menciono en el análisis del texto de Granville.

Cabe aclarar también que para desarrollar los llamados *métodos de integración* Swokowski recorre un camino muy largo; primero habla de la antiderivada más general pero en ese momento no desarrolla métodos (sin embargo lo podría haber hecho), luego introduce la integral definida vía la definición de Riemann, sin embargo, para evaluar integrales definidas introduce el teorema fundamental del cálculo y por último introduce la integral indefinida para, ahora si, desarrollar los métodos de integración (Dichos métodos los desarrolla hasta el capitulo IX).

A continuación, en el mismo capítulo V, aborda el estudio de la integración numérica en donde la construcción de la regla del trapecio se hace en una forma totalmente analítica, sin hacer referencia a ninguna figura geométrica; más adelante solamente para justificar el nombre de la regla, utiliza un modelo geométrico para estimar el área bajo la gráfica de *f* entre *a* y *b* por medio de trapecios y menciona que la suma de las áreas de éstos trapecios es la misma que la regla del trapecio. Además, hasta este momento el autor está considerando la integración aproximada de una función dada explícitamente como *f(x)*. Es hasta el final del apartado donde menciona que: "*...Uno de los aspectos importantes de la integración numérica es que se puede emplear para estimar la integral definida de una función descrita por medio de una tabla o de una gráfica...*" (Swokowski, 1989, p.273).

Más adelante, le dedica todo el capítulo VI a las aplicaciones de la integral definida en donde usa limites de sumas de Riemann para plantear los problemas, sin embargo, para encontrar el resultado utiliza el teorema fundamental del Cálculo.

3. Algunos efectos del discurso matemático escolar vigente en los profesores y estudiantes.

Iniciamos con una discusión sobre el discurso matemático escolar vigente desprendida del análisis realizado en algunos libros de texto de Cálculo (ver apartado 2).

En cierto sentido, los argumentos que anteceden a la presentación de los procedimientos del Cálculo integral no explotan convenientemente ni el procedimiento de antidiferenciación ni el procedimiento de suma, para hallar la integral, ya que: introducen el procedimiento de antidiferenciación pero no lo usan para plantear y resolver problemas (Granville parece que si lo va hacer al inicio, pero después lo abandona, ver pág. 289) sino que introducen el procedimiento de suma (como suma de Cauchy-Riemann) para plantear los problemas y usan la antidiferenciación para resolverlos a través del teorema fundamental del Cálculo.

Viceversa, el procedimiento de suma (no como suma de Riemann) no lo usan para plantear y resolver problemas (esto es evidente por el número de páginas dedicado a los métodos numéricos) sino que introducen el procedimiento de suma como una alternativa para calcular integrales en forma aproximada, cuando la función a integrar es compleja o no se puede integrar por antidiferenciación.

De manera que, estos argumentos *mezclan* procedimientos no algorítmicos (métodos de integración) con procedimientos algorítmicos (integración numérica) y con fundamentos teóricos de la integral (suma de Cauchy-Riemann) para plantear y resolver los problemas abordados en las llamadas "aplicaciones".

Así, los profesores que usan estos argumentos son influenciados a pensar que la integración es la suma de Cauchy-Riemann e indispensable para plantear los problemas, y que además para resolver los problemas se utiliza el cálculo de primitivas, a lo cual se le dedica mucho tiempo, porque se le considera un procedimiento algorítmico que es necesario ejercitar, sin embargo, de acuerdo a la revisión hecha anteriormente no es así.

Miramos también el efecto del tratamiento escolar de una manera indirecta a través de revisar algunas investigaciones que tienen relación con el discurso matemático escolar de la integral en función de la problemática planteada, por ejemplo:

"Numerosas investigaciones realizadas muestran, con convergencias sorprendentes, que si bien se puede enseñar a los estudiantes a realizar de forma más o menos mecánica algunos cálculos de derivadas y primitivas y a resolver algunos problemas estándar, se encuentran grandes dificultades para hacerlos entrar en verdad en el campo del cálculo y para hacerlos alcanzar una comprensión satisfactoria de los conceptos y métodos de pensamiento que son el centro de este campo de las matemáticas. Estos estudios también muestran de manera clara que, frente a las dificultades encontradas, la enseñanza tradicional y en particular la enseñanza universitaria, aun si tiene otras ambiciones, tiende a centrarse en una práctica algorítmica y algebraica del cálculo y a evaluar en esencia las competencias adquiridas en este dominio. Este fenómeno se convierte en un círculo vicioso: para obtener niveles aceptables de éxito, se evalúa aquello que los estudiantes pueden hacer mejor, y esto es, a su vez, considerado por los estudiantes como lo esencial ya que es lo que se evalúa." (Artigue, 1995, p. 97).

4. Propuesta alternativa para el tratamiento escolar del cálculo integral

Un plano del rediseño del Cálculo integral para las instituciones escolares[1] consiste en la discusión de *situaciones* derivadas de los fenómenos de variación continua (Cantoral, 2001, Cordero, 2003). En el marco de nuestras investigaciones las *situaciones* son diseñadas a partir de un *campo*

---

[1]   El rediseñ o tiene sentido porque el fenómeno de la transposición didáctica (Chevallard, 1991) implica necesariamente una transformación de los saberes científicos cuando emigran de la comunidad científica a las instituciones escolares.

conceptual[2] para el Cálculo fundamentado en prácticas sociales (Muñoz, 2010a). Las *situaciones* están fundamentadas en una aproximación socioepistemológica (Cordero, 2001; Cantoral, 2014). De manera que se presentan una serie de *situaciones* que consideran como ejes a las nociones de *predicción, acumulación y constantificación de lo variable* en el contexto de la Cinemática (Muñoz, 2007; Muñoz, 2010b).

4.1 Situación de la razón de cambio constante

*Si un cuerpo con movimiento uniforme estaba en la posición S(0) en t=0, calcular la posición posterior del cuerpo en cualquier instante de tiempo t (Clase de problemas 1a, presentada en Muñoz, 2010b).

Consideramos un diagrama como el siguiente:

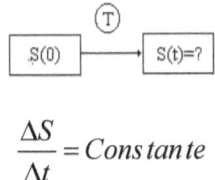

$$\frac{\Delta S}{\Delta t} = Cons\tan te$$

el cual significa que *S(0)* es la condición inicial (estado inicial), *T* es la transformación para pasar de *S(0)* a *S(t)*, donde *S(t)* es la relación funcional entre las variables; además, se sabe cómo se está moviendo el cuerpo durante la transformación (a razón de cambio constante).

Efectivamente, la pregunta se caracteriza por pedir una relación funcional *S(t)*, es decir, una ley que cuantifica al movimiento uniforme de un cuerpo (fenómeno de variación).

Además, el problema nos proporciona las condiciones iniciales: si se hace coincidir el origen del sistema de referencia (sistema de coordenadas) con la posición inicial se tendría *S(0)=0*.

---

[2] Un *campo conceptual* es un espacio de problemas organizado en: Tipo de problemas, Situaciones problema y Clases de problemas (en el sentido de Vergnaud, 1990a, 1990b, 1991,1998)

Pero para encontrar $S(t)$ se requiere encontrar un sistema de transformación T (que haga pasar de $S(0)$ a $S(t)$), para lo cual se cuenta con la información de la razón de cambio, en este caso, constante, en la que $\dfrac{\Delta S}{\Delta t} = Cons\tan te$ es independiente del tamaño del incremento Δt, es decir, por muy pequeño que sea el incremento de tiempo la razón de cambio es una constante (por ser un movimiento uniforme).

En lo que sigue presentamos un análisis de la estructura de las relaciones entre las cantidades espacio y tiempo. Se pueden hacer dos tipos de análisis. Uno vertical, que consiste en un análisis en una sola categoría de cantidades, y otro horizontal cuando se pasa de una categoría de cantidades a otra (por ejemplo, de tiempo a espacio).

Análisis vertical:

Este análisis vertical se centra en la noción de operador-escalar (sin dimensión), el cual hace pasar de una línea a otra en una misma categoría de cantidades o medidas.

De la misma manera que se pasa de a segundos a t segundos, se pasa de la posición de $S(a)$ metros a $S(t)$ metros:

Así es como: $S(t) = S(a)\dfrac{t}{a}$

pero como $\dfrac{\Delta S}{\Delta t} = k$ ó $\dfrac{S(a) - S(0)}{a - 0} = k$

luego $\dfrac{S(a)}{a} = k$, por las condiciones iniciales

entonces: $S(t) = kt$

Análisis horizontal:

Este análisis horizontal está centrado en la noción de operador-función, el cual hace pasar de una categoría de cantidades a otra.

El operador-función que hace pasar de a seg. a $S(a)$ metros, es el mismo que hace pasar de t seg. a $S(t)$ metros.

El operador función se puede encontrar sobre la línea de arriba, donde es posible, así:

como $\dfrac{\Delta S}{\Delta t} = k$ ó $\dfrac{S(a) - S(0)}{a - 0} = k$ luego $S(a) = ka$, por las condiciones

iniciales en donde lo que permite pasar de a seg. a $S(a)$ metros es la

multiplicación por k, entonces $S(t) = kt$, como indica la figura siguiente:

Es importante remarcar que la pregunta en esta clase de problemas es acerca de la relación funcional que predice la posición del cuerpo en cualquier instante. De la situación de la razón de cambio constante queremos resaltar lo siguiente:

- En el movimiento uniforme lo que fundamentalmente importa es la posibilidad de que al tomar tiempos tan pequeños como se quiera, se siga conservando el recorrer distancias iguales en tiempos iguales (razón constante).
- El análisis del movimiento uniforme es un antecedente muy importante para el estudio del movimiento no uniforme, como se puede observar en el trabajo de Galileo (Cantoral, 2001).

4.2. Situación de la razón de cambio variable

Si un cuerpo cae libremente desde cierta altura, partiendo del reposo, éste se acelerará a razón constante ($\frac{\Delta V}{\Delta t} = K$). Calcular la posición posterior del cuerpo en cualquier instante de tiempo t (Clase de problemas 2a), y en un instante particular tn (Clase de problemas 2b presentada en Muñoz, 2010b), si se desprecia la resistencia del aire.

Consideramos un diagrama como el siguiente:

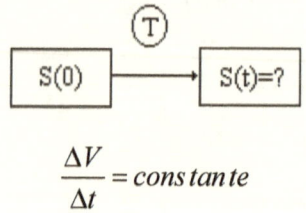

$$\frac{\Delta V}{\Delta t} = cons\tan te$$

Además el problema nos proporciona las condiciones iniciales, es decir, si se hace coincidir el origen del sistema de referencia (sistema de coordenadas) con la posición inicial se tendría $S(0)=0$, y como la piedra va adquiriendo poco a poco más velocidad conforme va cayendo, entonces su velocidad inicial es 0 cuando estaba en reposo ($V(0)=0$).

También se cuenta con la información de que la aceleración es constante, es decir, en incrementos de tiempo iguales adquiere incrementos iguales de velocidad, lo cual se puede expresar de la siguiente manera:

$\frac{\Delta V}{\Delta t} = K = g$, con independencia del tamaño del incremento de tiempo.

Entonces, de acuerdo al análisis presentado en el apartado anterior (4.1), el operador función que hace pasar de t segundos a $V(t)$ metros es el factor constante $g=9.807$ (m/seg ^{2}), de donde: $V(t)=gt$. Sin embargo, lo que pide el problema es $S(t)=?$ y $S(tn)=?$ en donde $\dfrac{\Delta S}{\Delta t}$ va cambiando conforme la piedra va cayendo. Analicemos tres posibles caminos:

+Primer camino

El primer camino consiste en pasar localmente de una categoría de cantidades a otra (de tiempo a espacio), considerando que en un intervalo de tiempo pequeño la velocidad se podría tomar como constante, a partir de cuando inicia el movimiento, y calcular el efecto en espacio o el incremento de espacio que se produce, a saber:

$$\Delta S_0 = V\left(t_0\right)\Delta t_0 = gt_0\Delta t_0$$

$$\Delta S_1 = V\left(t_1\right)\Delta t_1 = gt_1\Delta t_1$$

El paso de una categoría de cantidades a otra, en forma local, puede ser representado por el diagrama siguiente:

Y así, sucesivamente, calcular todos los efectos de espacio o incrementos de espacio, para cada intervalo de tiempo en que se ha dividido el intervalo $[0, tn]$ (en donde: $\Delta t_0 = \Delta t_1 = \Delta t_n$).

Una vez que se tienen los incrementos de espacio, se realizará el análisis en una sola categoría de cantidades (el espacio), por lo que este análisis se realiza de manera vertical; pero las cantidades involucradas son de naturaleza distinta; debido a que se busca una posición $S(tn)$, y lo que se tiene son incrementos de espacio (distancias). Aunque de igual dimensión ya que ambos se expresan en metros. Así, sumando todos los efectos parciales, nos da el efecto total (acumulación o cambio total):

$$\Delta S_0 + \Delta S_1 + \Delta S_2 + ... + \Delta S_{n-1}$$

Luego, para llegar a $S(tn)$, se tiene que hacer una suma acumulada:

$$S(t_0) + \Delta S_0 + \Delta S_1 + ... + \Delta S_{n-1} \approx S(t_n)$$

Este camino, y otros análogos, desembocan en lo que se llama *métodos de integración numéricos,* los cuales se pueden caracterizar como algoritmos[3].

En este primer camino están presentes varias nociones; la primera es una discretización de una magnitud continua, para poder cuantificarla; en este caso, el tiempo y espacio se han discretizado al hacer la partición.

La segunda es una noción que consiste en la posibilidad de considerar a un movimiento variable como un movimiento constante en forma local, lo que permite pasar de una categoría de cantidades a otra (de tiempo a espacio).

---

[3]   *Un algoritmo es una regla (o conjunto de reglas) que permite, para todo problema de una clase dada con anterioridad, conducir a una solución, si existe una, o, dado el caso, mostrar que no hay solución* (Vergnaud, 1991).

Una tercera noción es la que subyace del análisis vertical, y consiste en acumular todos los efectos locales para encontrar el efecto total o acumulación total (en este caso sería $\sum_{i=0}^{n-1} \Delta S_i$).

Una cuarta noción es la de predicción del estado posterior ($S(tn)=?$), en donde al estado inicial se le suma la acumulación total para encontrar el estado posterior:

$$S(t_0) + \sum_{i=0}^{n-1} \Delta S_i \approx S(t_n)$$

En donde la acumulación total es la transformación para pasar de $S(0)$ a $S(t)$.

+*Segundo camino*

Ahora analicemos un segundo camino, que se inicia conociendo que el operador-función que hace pasar de t a $v(t)$ es g, debido a que $\dfrac{\Delta V}{\Delta t} = g$ (como ya se ha analizado en el problema a razón constante), se indica esto en la siguiente figura:

segundos t	metro / segundo v(t)
0	0
.	.
.	.
.	.
t ⟶	⟶ v(t)=gt
xg (m/s^2)	

Y si consideramos que localmente el movimiento es uniforme, tendremos que:

$$ds = v(t)dt$$

$$ds = gtdt$$

En este camino se requiere encontrar un operador-función que haga pasar de t a $S(t)$ (en el primer camino no encontramos un operador función directamente, si no que pasábamos localmente de una cantidad a otra y luego se acumulaba la cantidad espacio), como indica la figura:

segundos t	metro S(t)
0	0
.	.
.	.
.	.
t	s(t)

Para encontrar tal operador-función, se tiene que buscar una función que localmente se comporte como $ds = gtdt$; en otras palabras, una función cuya diferencial coincida con $ds = gtdt$, lo cual no requiere de un proceso de suma acumulada, sino de conocer una diversidad de funciones y su respectiva diferencial.

Este camino conduce, entonces, a la noción de encontrar una función cuyo diferencial coincida con el diferencial dado; a esta función se le conoce como función primitiva. En esta búsqueda se generan los llamados *métodos de integración*, y la consecuente construcción de tablas de integrales.

Una vez encontrada la función primitiva, ésta hace pasar directamente de t a $S(t)$, para cualquier t.

Así, la función primitiva es: $S(t) = \dfrac{gt^2}{2}$, porque $ds = \dfrac{g}{2} 2t^{2-1} dt = gt\,dt$

Ahora, si se quiere calcular, por ejemplo, $S(t2)-S(t1)=?$, se pasa a través de este operador-función de $t1$ a $S(t1)$ y de $t2$ a $S(t2)$, y después se calcula la diferencia de posiciones, en la cantidad espacio, para encontrar una distancia, como indica la siguiente figura:

Es importante señalar que las posiciones $S(t1)$ y $S(t2)$ son *estados*, y la diferencia $S(t2)-S(t1)$ es la *transformación* que hace pasar de la cantidad $S(t1)$ a la cantidad $S(t2)$ en la cantidad espacio, como indica la siguiente figura:

entonces: $S(t_2) - S(t_1) = \dfrac{gt_2^2}{2} - \dfrac{gt_1^2}{2}$.

Además, como los estados son posiciones y la transformación es una distancia, entonces son de naturaleza distinta, aunque conservan la misma dimensión (ya que ambos se expresan en metros).

Aparte de la noción de función primitiva, están presentes nociones como la de *constantificación de lo variable*, que está en paralelo con la representación en forma local (diferencial) siguiente: $dS = V(t)dt$, que posibilita el poder hallar la situación global ($S(t)$).

Por último, queremos señalar que en la búsqueda de la función primitiva se construyen los llamados *métodos de integración* y una diversidad de tablas de integrales; sin embargo, dichos métodos no se pueden caracterizar como procedimientos algorítmicos, ya que existen

diferenciales como por ejemplo: $dF(t) = e^{-t^2}dt$ ó $dF(t) = \dfrac{\operatorname{sen} t}{t}dt$, en los cuales no se puede encontrar una función primitiva (en términos de funciones elementales) tal que su diferencial coincida con dichos diferenciales. De manera que se podría estar ensayando un número de veces indefinido y no encontrar la solución.

+ *Tercer camino*

Este tercer camino está basado en la noción que ya hemos manejado en los dos anteriores, *la constantificación de lo variable*, pero apoyada en la noción de *promedio*, que permite la construcción de lo que se llama la serie de Taylor. Primero lo realizaremos para este ejemplo, pero después lo haremos de manera general.

Si se considera la posibilidad de que en un tiempo *dt*, la velocidad con la que inicia el movimiento, en el instante *t*, se tome constante, entonces $dS \approx V(t_0)dt$, por lo que $S(t0+dt)$ será: $S(t_0 + dt) \approx S(t_0) + V(t_0)dt$.

Y también, si consideramos que en un *dt*, la velocidad con la que termina el movimiento en *t0+dt* se tome constante, entonces:

$dS \approx V(t_0 + dt)dt$ y $S(t_0 + dt) \approx S(t_0) + VS(t_0 + dt)dt$, como indica la siguiente figura:

Si ahora se calcula el promedio entre las dos aproximaciones, para obtener una mejor aproximación, se tendrá:

$$S(t_0 + dt) \approx \frac{\left[S(t_0) + V(t_0)dt\right] + \left[S(t_0) + V(t_0 + dt)dt\right]}{2}$$

$$S(t_0 + dt) \approx S(t_0) + \frac{\left[V(t_0) + V(t_0 + dt)\right]dt}{2}$$

pero, $V(t0+dt)=g[t0+dt]=gt0+gdt=V(t0)+gdt$ (se trata de una igualdad porque la aceleración es constante).

Sustituyendo $V(t0 +dt)$ en el promedio:

$$S(t_0 + dt) = S(t_0) + \frac{\left[V(t_0) + V(t_0) + gdt\right]dt}{2}$$

$$S(t_0 + dt) = S(t_0) + V(t_0)dt + \frac{gdt^2}{2}$$

Se trata de una igualdad porque $a(t0)=a(t0+dt)=a(t)=g$.

Ahora, si sustituimos $t0$ por su valor $(t=0)$, entonces se tiene que:

$$S(0 + dt) = S(0) + V(0)dt + \frac{gdt^2}{2}$$

$$S(dt) = S(0) + V(0)dt + \frac{gdt^2}{2}$$

El próximo paso es muy importante, porque aunque parece una simple sustitución de t por dt ($t=dt$), lo que hace es pasar de la situación local ($S(dt)$) a la situación global $[S(t)]$, entonces: $S(t)=S(0)+V(0)t+gt^2/2$ es decir, la estructura local se conserva en la estructura global, junto con las condiciones iniciales del problema. En este ejemplo, como $S(0)=0$ y $V(0)=0$ entonces: $S(t)=gt^2/2$.

Si se desarrolla esta idea del *promedio* de manera general, queda lo siguiente:

$F(t)=?$ es la relación funcional que predice la evolución posterior del fenómeno de variación o cambio. Además son conocidas las condiciones iniciales del fenómeno.

La pregunta sobre $F(t)$ es acerca de la situación global, por lo que procedemos primero a realizar un análisis de la situación local.

En la situación local se considera a la razón de cambio en $t0$ ($dF(t0)/dt$) como constante para el intervalo dt, entonces:

$$F(t_0 + dt) \approx F(t_0) + \frac{dF(t_0)}{dt}dt.....(1)$$

Y si ahora se considera a la razón de cambio en $t0+dt$ $[dF(t0+dt)/dt]$ como constante para el intervalo dt, entonces:

$$F(t_0 + dt) \approx F(t_0) + \frac{dF(t_0 + dt)}{dt}dt.....(2)\;;\; \text{como indica la siguiente figura:}$$

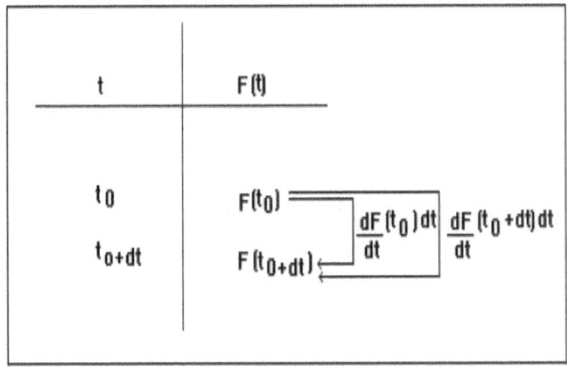

Para encontrar una mejor aproximación se calcula el promedio entre (1) y (2):

$$F(t_0 + dt) \approx \frac{\left[F(t_0) + F'(t_0)dt\right] + \left[F(t_0) + F'(t_0 + dt)dt\right]}{2}$$

Simplificando:

$$F(t_0 + dt) \approx F(t_0) + \frac{\left[F'(t_0) + F'(t_0 + dt)\right]dt}{2} \dots\dots\dots(3)$$

Sin embargo:

$$F(t_0 + dt) \approx F'(t_0) + F''(t_0)dt \dots\dots\dots(4)$$

Sustituyendo (4) en (3):

$$F(t_0 + dt) \approx F(t_0) + \frac{\left[F'(t_0) + F'(t_0) + F''(t_0)dt\right]dt}{2}$$

Simplificando:

$$F(t_0 + dt) \approx F(t_0) + F'(t_0)dt + \frac{F'(t_0)dt^2}{2} \dots\dots\dots(5)$$

Si en este promedio se considera la aproximación:

$$F(t_0 + dt) \approx F(t_0) + F'(t_0)dt + \frac{F''(t_0 + dt)dt^2}{2} \ldots\ldots(6)$$

Calculando el promedio de las tres aproximaciones, (1), (2) y (6) se obtiene una mejor aproximación para $F(t0+dt)$, como sigue:

$$F(t_0 + dt) \approx F(t_0) + F'(t_0)dt + \frac{F''(t_0)dt^2}{2} + \frac{F'''(t_0)dt^3}{3.2}$$

Y así sucesivamente, se obtiene el promedio entre todas las aproximaciones que se van encontrando. Lo que van construyendo estos promedios es la serie de Taylor:

$$F(t_0 + dt) \approx F(t_0) + F'(t_0)dt + \frac{F''(t_0)dt^2}{2} + \frac{F'''(t_0)dt^3}{3!} + \ldots.$$

Después se pasa de la situación local a la situación global a través de $t = t_0 + dt$, lo que en términos de la estructura de las relaciones, equivale a pasar, en la categoría de la cantidad tiempo, de $t0+dt$ a t y, en la categoría de la cantidad espacio, de $F(t0 +dt)$ a $F(t)$, como indica la siguiente figura:

t	F(t)
t_0	$F(t_0)$
$t_0 + dt$	$F(t_0 + dt)$
.	.
.	.
$\rightarrow t$	$F(t)$

entonces:

$$F(t) \approx F(t_0) + F'(t_0)(t - t_0) + F''(t_0)\frac{(t - t_0)^2}{2} + F'''(t_0)\frac{(t - t_0)^3}{3!} + \dots$$

En este tercer camino hay nociones subyacentes, como *la constantificación de lo variable* o como la noción de *promedio* que permite construir la serie de Taylor y por supuesto la noción de *predicción*.

Se tiene que el algoritmo consistiría en lo siguiente:

De la situación local, $dF(t) = F'(t)dt$, extraer $F'(t)$.

Encontrar la derivada de $F'(t)$, es decir, $F''(t)$.

Luego encontrar la derivada de $F''(t)$, es decir $F'''(t)$, y así sucesivamente.

En seguida se encuentran las condiciones iniciales que falten, ya sea $F'(t0)$ ó $F''(t0)$ ó $F'''(t0)$, según sea el caso.

Por último, sustituir en la serie las condiciones iniciales.

5. Conclusiones

Se discutió un *campo conceptual del Cálculo* (Muñoz, 2007), es decir, un conjunto de situaciones en el contexto de la Cinemática que le dan sentido al Cálculo integral y que implican la relación entre lo conceptual y lo algorítmico, con base en el marco epistémico de Newton del siglo XVII (Piaget & García, 1994; García, 2000) en tanto matriz de la práctica social de *predecir* (Cantoral, 2001; Cantoral, 2014) cuya naturaleza permite que pueda ser considerada como una columna vertebral alternativa del Cálculo integral porque de acuerdo a las evidencias de nuestras experimentaciones con estudiantes y profesores ha resultado ser compatible con el tipo de problemas que resuelve un Ingeniero (Muñoz, 2010a; Muñoz, 2010b). Nuestra propuesta intenta trastocar la idea dominante de que el concepto de *límite* es la columna vertebral por excelencia para discutir el Cálculo integral en las diversas instituciones escolares de nuestra sociedad contemporánea. Nuestra propuesta la sostenemos desde un estudio histórico-epistemológico con el fin de tener un análisis comparativo de los *tipos de problemas* a través de los cuales se ha desarrollado el Cálculo integral (Muñoz, 2006; Muñoz, 2010a), de manera que el *tipo de problemas* en donde surgió el concepto de *límite* en el siglo XIX con Cauchy (Cordero, 2003) no es compatible con el *tipo de problemas* que resuelve un Ingeniero (Muñoz, 2010b). Nuestros hallazgos teóricos y empíricos (Muñoz, 2010a; Muñoz, 2010b) nos han permitido tener un enfoque alternativo del Cálculo integral para profesores y estudiantes de Ingeniería en el sentido de proponer una columna vertebral, distinta a la hegemónica, basada en las nociones de *predicción, constantificación de lo variable y acumulación*. También, la columna vertebral que construimos proporciona evidencias que nutren a la teoría socioepistemológica de la Matemática Educativa (Cantoral, 2014).

Referencias bibliográficas

Artigue, M. (1991). Analysis. En D. Tall (Ed.), Advanced Mathematical Thinking (pp. 167-198). Netherlands: Kluwer Academic Publishers.

Artigue, M. (1995). La enseñanza de los principios del cálculo: problemas epistemológicos, cognitivos y didácticos. Ingeniería didáctica en educación matemática (pp. 97-140). México: Grupo Editorial Iberoamérica.

Cantoral, R. (2001). Matemática Educativa: Un estudio de la formación social de la Analiticidad. México: Grupo Editorial Iberoamérica.

Cantoral, R. (2014). Teoría socioepistemológica de la Matemática Educativa. España: Gedisa.

Chevallard, Y. (1991). La transposición didáctica. Del saber sabio al saber enseñado. Argentina: Ed. Aique.

Cordero, F. (2001). La distinción entre construcciones del Cálculo. Una epistemología a través de la actividad humana. Revista Latinoamericana de Investigación en Matemática Educativa. 4(2), 103-128.

Cordero, F. (2003). Reconstrucción de significados del Cálculo integral: La noción de acumulación como una argumentación. México: Grupo Editorial Iberoamérica.

García, R. (2000). El conocimiento en construcción. De las formulaciones de Piaget a la teoría de sistemas complejos. España: Gedisa.

Granville, W. (1994). Cálculo Diferencial e Integral. México: Ed. Limusa, Decimaoctava Reimpresión.

Muñoz, G. (2000). Elementos de enlace entre lo conceptual y lo algorítmico en el Cálculo integral. Revista Latinoamericana de Investigación en Matemática Educativa 3 (2), 131-170.

Muñoz, G. (2006). Relación dialéctica entre lo conceptual y lo algorítmico relativa a un campo de prácticas sociales asociadas al Cálculo integral. En *Investigaciones sobre enseñanza y aprendizaje de las matemáticas: un reporte Iberoamericano* (pp. 423-451). España: Editorial Díaz de Santos y Clame.

Muñoz, G. (2007). Rediseño del Cálculo integral escolar fundamentado en la Predicción. *En Matemática Educativa: Algunos aspectos de la socioepistemología y la visualización en el aula* (pp. 27-76). España: Editorial Díaz de Santos y Uagro.

Muñoz, G. (2010a). Hacia un campo de prácticas sociales como fundamento para rediseñar el discurso escolar del cálculo integral. Revista Latinoamericana de Investigación en Matemática Educativa 13 (4), 283-302.

Muñoz, G. (2010b). Una resignificación de las ecuaciones diferenciales fundamentada en la predicción: elementos epistemológicos, cognitivos y didácticos. México: Ed. Universidad Autónoma de Chiapas.

Orton, A. (1983). Students Understanding of Integration. Educational Studies in Mathematics (14), 1-18.

Piaget, J. & García R. (1994). Psicogénesis e Historia de la Ciencia. México: Siglo XXI, 6a. ed.

Swokowski, E. (1989). Cálculo con Geometría Analítica. México: Grupo Editorial Iberoamérica, Segunda edición.

Tucker, T.W. (1991). Priming the Calculus Pump: Innovations and Resources. U.S.A: MAA

Vergnaud, G. (1990a). La Théorie des Champs Conceptuels. Recherches en Didactique des Mathématiques 10 (13), 133-170.

Vergnaud, G. (1990b). Epistemology and Psychology of Mathematics Education. En Nesher y Kilpatrick (Eds.). Mathematics and Cognition:A Research Synthesis by the International Group for the Psychology of Mathematics Education(p. 14-30). Cambridge:University Press

Vergnaud, G. (1991). El niño, las matemáticas y la realidad. México: Editorial Trillas.

Vergnaud, G. (1998). Towards a Cognitive Theory of Practice. En Sierpinska, A. y Kilpatrick, J. (Eds.).. Mathematics Education as a Research Domain: A Search for Identity (pp. 227-240). Great Britain: Kluwer Academic Publishers.

ESTRATEGIAS DE COMUNICACIÓN EN LA PROMOCIÓN DE LAS ÁREAS CIENTÍFICO – TECNOLÓGICAS

[1]Dra. Patricia del Carmen Aguirre Gamboa, [2]Dra. María del Pilar Anaya Avila, [3]Dr. Javier Casco López y [4]Dra. Rossy Lorena Laurencio Meza
[1]Facultad de Ciencias y Técnicas de la Comunicación, patrice994@hotmail.com
[2]Facultad de Ciencias y Técnicas de la Comunicación, pilargre@yahoo.com.mx
[3]Facultad de Ciencias y Técnicas de la Comunicación, javiercasco67@yahoo.com.mx
[4]Facultad de Ciencias y Técnicas de la Comunicación, lorelau_uv@hotmail.com

En el proceso de inserción en Instituciones de Educación Superior (IES), muchos jóvenes transitan por un sinfín de dudas en torno a qué deben estudiar. En México es común que las Instituciones de Educación Superior, ofrezcan programas de promoción dirigidos a jóvenes de Educación Media Superior, a través de diversos eventos, como son: feria de servicios y vida universitaria, programa de becas, charlas de orientación, ceremonias de reconocimiento a estudiantes destacados, pero en ocasiones no satisfacen las expectativas de los educandos. Por ello el siguiente estudio reflexivo de carácter divulgativo, tiene como propósito presentar algunas estrategias de comunicación con la finalidad de concientizar a los docentes y las autoridades en la promoción de las áreas científico – tecnológicas.

Palabras Clave: Estrategias de Comunicación, Educación, Sociedad, Ciencia y Tecnología

Introducción:

Hoy las instituciones de educación de los diversos niveles educativos se han visto en la necesidad de transformar sus políticas y sus modelos de enseñanza, hacia nuevas formas de pensamiento y actuación, orientadas hacia el conocimiento de la realidad y la adquisición de nuevos valores.

Decidirse a estudiar una carrera profesional involucra una serie de situaciones que el alumnado debe tomar en consideración; estas comprenden un compendio de actitudes y percepciones que influyen en sus acciones futuras, desde quiénes ven a la Universidad como un instrumento de movilidad social hasta quiénes buscan la generación y aplicación de nuevos conocimientos en un entorno que les permita su crecimiento profesional.

Actualmente es una prioridad en la enseñanza de las áreas científico-tecnológicas la incorporación de la dimensión social como una manera de construcción de la sociedad contemporánea, principalmente en la tarea de comprender la ciencia y los diversos usos que hoy se le otorgan a la tecnología. El presente texto tiene como finalidad el estudio de la relación que existe entre producción, comunicación y formas de apropiación del conocimiento científico y tecnológico entre los jóvenes.

En nuestros días se requiere de exhaustivos programas que fomenten la investigación y desarrollo de tecnologías orientadas a resolver demandas del mercado. De ahí la importancia de presentar de manera general algunas estrategias de comunicación, que promuevan la inquietud en los estudiantes de Nivel Medio Superior el interés por las áreas científico-tecnológicas.

Si bien es cierto que los programas institucionales de los tres niveles de gobierno, el sector educativo, las diversas asociaciones, así como los medios masivos de información, han hecho poco para orientar a los estudiantes hacia el estudio de áreas científico-tecnológicas. También es cierto que las instituciones educativas no han incorporado en sus planes de estudio la orientación hacia el desarrollo de la Investigación en Ciencia y Tecnología.

Todo acto comunicativo como interacción dialógica, adquiere importancia durante la exposición oral del facilitador, quien mediante diversas estrategias didáctico pedagógicas utilizadas en los espacios áulicos va involucrando a los estudiantes para que conjuntamente analicen y reflexionen teórica y prácticamente los procesos de su formación en cualquier área científica, es ineludible la importancia de "una educación que ayude a las personas a entender lo que pasa (saber), a sentirse parte de una sociedad y respetarla (saber ser) y a saber cómo puede participar en los procesos de desarrollo (saber hacer). Pero que, además, desarrolle en los individuos y en la sociedad las capacidades para aprender a aprender (metacognición) y también a aprender a desaprender". (Solano, 2008:10)

Discusión Teórica e Importancia de la Ciencia y la Tecnología en la Sociedad

El impacto social de las tecnologías, no deja de ser un tema importante, se ha ido transformando en los últimos treinta años en todo tipo de estudios que comprende la actividad humana. Existen diversos análisis que destacan la importancia de los mecanismos del cambio tecnológico, al mismo tiempo que asimilan las condiciones sociales producto de la aplicación de las tecnologías, los problemas relativos a la toma de decisiones no sólo en el ámbito económico, sino también en el político y social. Cada vez son más usuales los estudios para reflexionar sobre la compleja interrelación entre Ciencia, Tecnología y Sociedad, y su incorporación a las aulas de todos los niveles educativos, con la finalidad de que los jóvenes estudiantes cambien su mirada hacia aquellas áreas de la Ciencia y la Tecnología que más necesita el país.

El estudio de las relaciones entre ciencia y tecnología, y el marco social en que estas se desarrollan, proyecta la necesidad de una meditación filosófica, que esté atenta los resultados científicos por un lado, y que por otro sea sensible a las evaluaciones del conocimiento. Es por ello que aun cuando existen publicaciones e investigaciones consolidadas, en torno a la Ciencia, Tecnología y Sociedad (CTS), estos han obtenido relevancia académica en un espacio de meditación relativamente actual. Posteriormente, la ciencia aparece y crea un camino paralelo al de la tecnología, al grado de reconocer que numerosos inventos significativos sucedieran sin su contribución teórica. No obstante, a partir de la Revolución Industrial, los avances de ambas empiezan a confluir, para luego unificarse de forma irreversible.

Es por ello que en nuestros tiempos, la ciencia moderna no logra progresar sin las contribuciones instrumentales de la tecnología, ni la tecnología avanza sin los aportes teóricos de la ciencia moderna. Tecnociencia es el nombre que se da a esta fusión que hace a ambas interdependientes e inseparables, pero que en las escuelas pareciera no cobrar importancia.

Hoy en día se observa que cada día son más los campos del saber que se asientan sobre los principios científicos y tecnológicos, pero más trascendental es el predominio tanto positivo como negativo que la tecnología tiene sobre la vida de los individuos. "Si bien la ciencia y la tecnología nos proporcionan numerosos y positivos beneficios, también traen consigo impactos negativos, de los cuáles algunos son imprevisibles, pero todos ellos reflejan los valores, perspectivas y visiones de quienes están en condiciones de tomar decisiones concernientes al conocimiento científico y tecnológico" (Cutcliffe 1990:9)

Los cambios y los avances tecnológicos han estado presentes a lo largo de la historia de la humanidad, se puede decir que el hombre en su afán de supervivencia ha logrado adaptar el medio ambiente a sus necesidades, creando con ello un entorno simulado para su vida. Como cita Núñez Jover (1990) en su obra <<Ciencia y Tecnología>>: "En las últimas décadas se ha producido un incremento del interés por la tecnología y han proliferado también las reflexiones históricas, sociológicas y filosóficas sobre ella, las que toman en cuenta sus fuertes interacciones con la ciencia y la sociedad (...) Alrededor de la Segunda Guerra Mundial los estudios sobre ciencia y tecnología tuvieron un acelerado impulso en los Estados Unidos, Reino Unido y otros países industrializados" (Núñez, 1990:8)

En la obra de Medina, M. y Kwiatkowsnka (2000), <<Ciencia, Tecnología /Naturaleza, Cultura en el siglo XXI>> señalan que en la década de los 60, se empezó a cristalizar en el contexto norteamericano de la guerra del Vietnam y de las crisis ecológicas, un cambio en la valoración de la ciencia y la tecnología. Este replanteamiento o giro valorativo, según citan los autores venía a cuestionar algunos de los rasgos que la filosofía y la sociología ancladas en una rígida delimitación entre hechos y valores, atribuían a la ciencia, tales como la supuesta excelencia racional de los conocimientos científicos y de los procedimientos tecnológicos o la neutralidad valorativa (respecto a posicionamientos éticos o políticos) de la investigación científica y de sus resultados.

De esta manera surgen los programas Ciencia, Tecnología y Sociedad (CTS) en importantes universidades norteamericanas. El mensaje de este movimiento académico demandaba las condiciones sociales y los trasfondos valorativos que gobernaban el desarrollo científico y tecnológico y prevenía de los graves impactos que se estaban dando para la sociedad y el medio ambiente. En vista de tales las consecuencias, en gran medida negativas, de las innovaciones científicas y tecnológicas, se exigía la concientización pública y el control social sobre las mismas. En el ámbito académico de los estudios de Ciencia, Tecnología y Sociedad se fueron instituyendo nuevas disciplinas relacionadas con materias tradicionalmente marginadas, como la historia social y la filosofía de la tecnología. Se desarrollaron métodos sistemáticos de cuestiones éticas relacionadas con la ciencia y la tecnología que a la postre dieron paso a éticas especializadas, como en el caso de la bioética.

En el movimiento Ciencia, Tecnología y Sociedad (CTS) llegaron a constituirse una gran diversidad de grupos y tendencias. Entre ellas, las procedentes de corrientes filosóficas o religiosas humanísticas, portadoras, en realidad, de las viejas separaciones interpretativas y valorativas entre el mundo humano de la cultura y el mundo no-humano de la tecnología. Hoy la ciencia y la tecnología se muestran como procesos sociales que están profundamente ligados al desarrollo de la humanidad, y se hallan numerosos esfuerzos por constituir esta tríada en una perspectiva interdisciplinaria: Ciencia, Tecnología y Sociedad. Organizándose así como un campo filosófico de estudio e investigación para un mejor conocimiento de la ciencia y la tecnología en su contexto social. Con el fin de precisar de manera pragmática ambos conceptos y concretar sus esferas de acción, se exponen sus definiciones, particularidades, así como sus interdependencias.

Tanto la ciencia como la tecnología demuestran su presencia en la búsqueda y mejora de productos, servicios, medios y herramientas, capaces de subsanar las carencias humanas y de la vida en general. Sin embargo, Aunque parezca paradójico y pese a la tecnificación de la sociedad, existe también una creciente dependencia a la ciencia. ¿Pero que es la ciencia? Al respecto Núñez (1990) considera que:

"Es tan difícil ofrecer una caracterización breve y precisa de lo que entendemos por ciencia. Se le puede analizar como sistema de conocimientos que modifica nuestra visión del mundo real y enriquece nuestra imaginación y nuestra cultura; se le puede comprender como proceso de investigación que permite obtener nuevos conocimientos, los que a su vez ofrecen mayores posibilidades de manipulación de los fenómenos; es posible atender a sus impactos prácticos y productivos, caracterizándola como fuerza productiva que propicia la transformación del mundo y es fuente de riqueza; la ciencia también se nos presenta como una profesión debidamente institucionalizada portadora de sus propia cultura y con funciones sociales bien identificadas" (Ibid., p.23)

Establecer con precisión el concepto de ciencia resulta ambiguo, ya que por un lado la ciencia solo es posible de ser practicable, y por otro lado porque constituye un fenómeno complejo que se transforma de acuerdo a los procesos históricos.

John. D. Bernal (2009) en su Obra <<La ciencia en la historia>>, consideraba que: "En realidad, la naturaleza de la ciencia ha cambiado tanto en el transcurso de la historia humana, que no podría establecerse una definición de ella". (Bernal: 2009, 13)

Lo cierto es, que aunque es importante saber el desarrollo de la ciencia a lo largo de la historia y a través de la reflexión filosófica de las diversas corrientes que han existido, es importante señalar las diversas expresiones que tiene, en las múltiples facetas de la dinámica social. Por lo tanto, la pretensión de la filosofía es el conocimiento de la correspondencia del hombre con el mundo y la comprensión de las categorías integrantes de esa realidad; esto se ve satisfecho en cuanto el pensamiento filosófico logra erigir conceptos y categorías sobre los problemas filosóficos y espacios de la relación de la ciencia con el mundo. Hoy se sabe, que la ciencia y la tecnología se han convertido en ramas de la actividad inseparables de la vida y el progreso de la sociedad desde hace varias décadas. Ambas nociones están hoy tan interrelacionadas que han llegado a imaginarse como uno solo. Uno de estos ámbitos es la tecnología, ya que como señala Hottois (1991), "La característica fundamental de la ciencia moderna es la tecnomatemática, es decir la operatividad". (Hottois, 1991:18)

Etimológicamente la palabra tecnología deriva del griego techne (arte, destreza,), y logos, (conocimiento, orden del cosmos). Se trata del estudio sistemático de las técnicas para hacer cosas. Por lo tanto, la tecnología es un fenómeno social, y como tal, está determinada por la cultura en la que emerge y podría determinar la cultura en la que se utiliza. Tal como apunta Seymour Paperten su obra <<Desafío a la mente. Computadoras y Educación>> (1987) "...hay un mundo de diferencia entre lo que la tecnología puede hacer y lo que una sociedad escoge hacer con ella. La sociedad tiene muchas maneras de resistir un cambio fundamental y amenazante. En este sentido es importante enfatizar que la tecnología trasciende los aparatos para incluir el conocimiento, las creencias y los valores de una cultura particular así como el contexto social y personal". (1987:153).

La Educación Media Superior en México en la Promoción de Ciencia y la Tecnología

Según el portal digital de la Subsecretaría de Educación Media Superior, el tipo Medio-Superior comprende el nivel de bachillerato, así como los demás niveles equivalentes a éste, y la educación profesional que no requiere bachillerato o sus equivalentes. Esta se encuentra integrada por cinco Direcciones Generales y tres Coordinaciones Sectoriales:

- Dirección General de Educación Tecnológica Agropecuaria (DGETA)
- Dirección General de Educación Tecnológica Industrial (DGETI)
- Dirección General de Centros de Formación para el Trabajo (DGCFT)
- Dirección General de Educación en Ciencia y Tecnología del Mar (DGECyTM)
- Dirección General de Bachillerato (DGB)
- Coordinación Sectorial de Planeación y Administración
- Coordinación Sectorial de Personal
- Coordinación Sectorial de Desarrollo Académico (COSDAC)

Además, de conformidad con lo dispuesto en el ACUERDO Núm. 646 por el que las entidades paraestatales coordinadas por la Secretaría de Educación Pública se agrupan en subsectores, se adscriben los órganos desconcentrados a estos subsectores y se designa a los suplentes para presidir los órganos de gobierno o comités técnicos de las citadas entidades, publicado en el Diario Oficial de la Federación el 16 de agosto de 2012, los siguientes organismos, aunque no forman parte de la estructura de la Subsecretaría de Educación Media Superior, se encuentran bajo la coordinación de esta dependencia, como son:

- (COLBACH) Colegios de Bachilleres
- (CONALEP) Colegio Nacional de Educación Profesional Técnica
- (CETI) Centro de Enseñanza Técnica Industrial
- (CONOCER) Fideicomiso de los Sistemas Normalizados de Competencia Laboral y de Certificación de Competencia Laboral

A través de estas coordinaciones se establece un Programa de Investigación, Desarrollo Tecnológico e Innovación Educativa, que tiene como prioridad:

Ofrecer un espacio para el funcionamiento de redes académicas del Bachillerato Tecnológico, a través de las cuales se generen proyectos innovadores que permitan mejorar los procesos de enseñanza-aprendizaje en congruencia con los elementos planteados en la Reforma Integral de la Educación Media Superior y que ayuden además a resolver problemáticas específicas a nivel local, regional y nacional.

La organización y utilización de redes académicas permitirá que se desarrollen proyectos de carácter colaborativo relativos a la operación del Marco Curricular Común (MCC) y a los programas de estudio de los componentes básico, profesional y propedéutico del Bachillerato Tecnológico (BT) en sus diferentes niveles.

La COSDAC establece este programa para apoyar la investigación, innovación, desarrollo científico tecnológico, mejora de la educación, del medio ambiente, el aprovechamiento sustentable de los recursos naturales y la investigación educativa enfocada, a través del desarrollo de proyectos que coadyuven al desarrollo de competencias del marco curricular común en los estudiantes y las competencias docentes. Con la operación de este programa se impulsa la superación de los alumnos y docentes hacia la investigación, la innovación y el mejoramiento de la gestión escolar, al proponer y desarrollar proyectos en atención a problemáticas escolares en contextos diversos, el aprovechamiento sustentable de los recursos naturales y el medio ambiente, mediante el desarrollo de estrategias centradas en el aprendizaje, el desarrollo de competencias y la aplicación de nuevas tecnologías para el aprendizaje en el nivel medio superior.

Su Objetivo:

El Programa de Investigación e Innovación Educativa de la CoSDAc, tiene como objetivo, impulsar el desarrollo de proyectos a través de la integración de redes académicas, que promuevan la mejora de la práctica docente y la gestión educativa en la escuela con estrategias y métodos de trabajo que propicien el desarrollo de las competencias que postula el Marco Curricular Común, con la participación activa de alumnos en el desarrollo de los mismos.

Este programa incluye sobre todo a los estudiantes de Bachillerato Tecnológico a participar en el desarrollo de proyectos de innovación e investigación tecnológica y educativa, si en su plantel se están desarrollando proyectos, apoyados por la CoSDAc. Y que con el objetivo de impulsar el interés hacia la investigación, se invita a los alumnos de segundo y cuarto semestre a formar parte del equipo de colaboradores en el desarrollo de proyectos. Las actividades de los alumnos en los proyectos se relacionan con el desarrollo de habilidades lo mismo en un área temática que en procedimientos de trabajo individual o en equipo para la solución de problemas. Su integración en los proyectos les permitirá tener una mejor perspectiva de los procesos de innovación e investigación y fortalecer su formación académica.

Por tal motivo la Secretaría de Educación Pública ha lanzado en este año (2014) la convocatoria para consolidar un Programa de Innovación e Investigación Tecnológica y Educativa. Entre otras cosas se pretende "Una alfabetización científica y tecnológica de los ciudadanos", que en palabras de Carlos Osorio, autor del artículo <<La educación científica y tecnológica desde el enfoque en ciencia, tecnología y sociedad>> se busca la reflexión de considerar que "Una sociedad transformada por las ciencias y las tecnologías requiere que los ciudadanos manejen saberes científicos y técnicos y puedan responder a necesidades de diversa índole, sean estas profesionales, utilitarias, democráticas, operativas, incluso metafísicas y lúdicas. Profesionales, por cuanto se precisa aumentar y actualizar las competencias, más aún para investigadores. Utilitarias, al reconocer que todo saber es poder; por ejemplo, de control sobre el propio cuerpo. Democráticas, ya que la alfabetización puede instruir a la ciudadanía en modelos participativos sobre aspectos como el transporte, la energía, la salud, etc., y permite cuestionar la tecnocracia que maneja los aspectos públicos relacionados con el desarrollo tecnocientífico. También la alfabetización es capaz de ayudar a necesidades de tipo operativo, en la medida en que puede tener componentes formativos hacia el uso de modelos, el manejo de información, la movilización de saberes, en fin, se trata del aprendizaje organizado". (Osorio, 2002: 68)

Entre otras cosas el autor se plantea una serie de preguntas que viene a bien considerar por parte de las autoridades institucionales de Educación Media Superior: ¿cómo podemos contribuir desde nuestros espacios a favorecer una relación con estos saberes que sirva a los intereses y necesidades de nuestra sociedad?, ¿qué podemos hacer para superar la tendencia en la enseñanza de las ciencias centrada en los contenidos y con un fuerte enfoque reduccionista, la mayoría de las veces soportada por un conjunto de elementos que refuerza el aprendizaje memorístico, lleno de datos, acrítico y descontextualizado?, ¿cómo podemos superar la tendencia en la educación en tecnología, focalizada con frecuencia en la adquisición de conocimientos y habilidades para el empleo, y en otras en un encauzamiento netamente instrumental?, ¿cómo lograr que la educación en tecnología contribuya a que los sistemas tecnológicos sirvan realmente para la construcción de formas satisfactorias de vida personal y comunitaria; que la educación en tecnología nos forme para participar en la definición de tales sistemas tecnológicos, compatibles con un orden social que disminuyan las desigualdades sociales?

Sin embargo, también es una realidad que uno de los principales problemas que existe no sólo a nivel medio superior, si no en todos los niveles, es la incompatibilidad que existe entre el curriculum oficial y el curriculum real que se imparte en las instituciones educativas, sobre todo en lo concerniente al área de científico - tecnológica. Muchas asignaturas incorporan en sus contenidos la enseñanza de Ciencia y Tecnología, pero sólo queda impreso, ya que de hecho no se realiza. León Olivé (2000) considera que existen tres imágenes que deben ser entendidas para aprehender las características y complejidad del conocimiento:

i) La imagen filosófica, proporcionada por la epistemología y filosofía de la ciencia en su análisis de los procesos y métodos de generación, aceptación y propagación del conocimiento;
ii) La imagen científica de la ciencia, conformada por la imagen que tienen los científicos de sus actividades y de sus resultados; y,
iii) La imagen social de la ciencia, generada por la visión(es) de los diversos grupos sociales (sociedad) sobre la función, importancia y resultados.

En México, la Semana Nacional de Ciencia y Tecnología surge en 1994 de la Alianza Norteamericana para el Entendimiento Público de la Ciencia y la Tecnología. A partir de su nacimiento participaron la Fundación Nacional de Ciencia de Estados Unidos (NSF), el

Ministerio de Industria de Canadá y el Consejo Nacional de Ciencia y Tecnología (Conacyt) de México. La Semana Nacional de Ciencia y Tecnología (SNCyT), según señala el portal de CONACYT es un foro por medio del cual niños y jóvenes mexicanos conocen las diversas áreas de la ciencia en los campos de la actividad productiva, la investigación científica y la docencia. Su misión es: promover la ciencia y proyectarla como pilar fundamental del desarrollo económico, cultural y social del país. Comparten este propósito las instituciones educativas, asociaciones científicas, secretarías de estado, empresas, centros de investigación, museos de ciencia y gobiernos estatales. Se concreta en eventos creativos y propositivos de científicos, maestros, divulgadores y empresarios mediante ciclos de conferencias, talleres, exposiciones, demostraciones, visitas guiadas, concursos y ferias científicas, entre otros. La SNCyT es parte de las actividades de comunicación de la ciencia y la tecnología que de manera institucional se realizan en todo el país. El propósito: despertar el interés de estas disciplinas entre el público infantil y juvenil. Con el lema, "Para crecer hay que saber," se propicia un acercamiento entre científicos, divulgadores, investigadores, empresarios, tecnólogos y autoridades participantes en un escenario de cordialidad y respeto a las nuevas generaciones.

Esta semana de la ciencia y la tecnología ha sido adoptada por instituciones educativas con la finalidad de contar con especialistas en las más disímbolas áreas del saber, para coadyuvar a la formación de los educandos.

Por tal motivo, es importante que en toda entidad sea en el ámbito educativo o no, cuente con estrategias adecuadas para la implementación de planes y programas. La difusión del conocimiento no está ajena a ello, por lo que resulta trascendental la divulgación de información que surja al interior de los centros educativos, con la finalidad de que los alumnos comprendan los contenidos de las diversas áreas y disciplinas que convergen en el estudio de la ciencia y la tecnología. Y que la imagen filosófica, científica y social que se tiene de la ciencia sea una realidad y no sólo una especulación académica.

Por otra parte, se propone que en toda entidad de Educación Media Superior se cuente con un plan estratégico en comunicación que coadyuve a promover entre los estudiantes de Nivel Medio Superior el interés por las áreas científica –tecnológicas. No sólo a nivel de información, sino de una formación integral en estas áreas y evitar con ello el nulo interés que actualmente le confieren a la Ciencia y la Tecnología.

Un plan estratégico antes que nada se refiere a mirar la realidad de una organización, dónde está y hacia dónde quiere ir. Con la reforma educativa se pretende que la enseñanza de la Ciencia y la Tecnología sea un imperativo sobre todo a partir de la Educación Media Superior.

Por ello es importante:

- Conocer la utilidad percibida que los/as estudiantes le otorgan al área científico - tecnológica
- Identificar si las instituciones de Educación Media Superior cuentan con un plan estratégico de comunicación para otorgar servicios de orientación a los jóvenes que se interesen por el ingreso a la Universidad y viceversa.
- Analizar el tipo de estrategias o acciones que emplean las Instituciones de Educación Superior para promover y difundir a través de diversos medios la orientación profesional en el área científico-tecnológica.

En virtud de lo antes descrito se plantean una serie de estrategias desde la comunicación, que si bien son de *carácter general,* su justificación descansa en la adecuación que se realice al interior de cada institución educativa acorde a sus características, planes y programas, con la firme intención de promover las áreas científico – tecnológicas. Si bien esta reflexión amerita de una metodología más profunda, sobre todo de corte cualitativo para conocer cuáles son las acciones que en materia de promoción y divulgación de la ciencia y la tecnología, realizan las instituciones de Educación Media Superior (preparatorias y bachilleratos) la intención de este artículo reflexivo es la presentación de estrategias comunicacionales encaminadas a una mejor comprensión y valoración del área científico-tecnológica.

Estrategias de Comunicación en las Instituciones de Educación Media:

- Diseñar un plan estratégico en comunicación que contribuya desde los espacios áulicos del bachillerato o la preparatoria favorecer una relación con los saberes científico - tecnológicos, a fin de servir a los intereses y necesidades de la sociedad
- Realizar un Plan Estratégico de Comunicación y Vinculación con las Instituciones de Educación Superior, con la finalidad de propiciar el desarrollo de actividades académicas orientadas a la inserción en el ámbito de la ciencia y la tecnología, en jóvenes de Educación Media Superior; generar puntos de encuentro entre estudiantes y académicos, que promuevan el conocimiento del perfil de egreso de la carreras en el área científico – tecnológica, a fin de que reconozcan los ámbitos de un futuro desarrollo profesional; y crear espacios de reflexión entre los estudiantes, de tal manera que favorezcan su interés por esta área. Ante todo cuestionarse ¿a quiénes se dirigen los programas de promoción de la ciencia y la tecnología cuando se planean actividades? ¿De qué manera se puede medir el impacto y los efectos que los medios de comunicación ejercen en los jóvenes bachilleres en torno a la ciencia y la tecnología? ¿Desde la academia cómo se trabaja en la promoción de las áreas científico-tecnológicas?
- Incluir en el plan, un Programa de Promoción y Difusión en Ciencia y Tecnología con la finalidad de orientar a los estudiantes a conocer el área científico-tecnológica.
- A través de la comunicación mejorar el nivel de adquisición de las competencias y conocimientos esenciales por parte de los alumnos de Educación Media Superior, sobre todo en el área de ciencia y tecnología.
- Fortalecer la participación de los alumnos en todas las investigaciones y actividades del área científica – tecnológica.

- Incentivar programas de comunicación en la ciencia con la finalidad de reforzar los contenidos educativos sin que él alumno recurra al aprendizaje memorístico.
- Lograr la motivación y colaboración de todos los estudiantes de Nivel Medio Superior, informando y promoviendo actividades científicas y tecnológicas.
- Establecer directrices, conductos, canales e interacción entre los estudiantes a fin de intercambiar intereses afines en las áreas científicas y tecnológicas. Actividad que se puede lograr a través de la generación de espacios de encuentro y reunión.
- Emprender acciones de trabajo colaborativo.
- Diseño y elaboración de materiales comunicacionales complementarios a los propuestos por la Secretaría de Educación, como videos, historietas y material multimedia.
- Difundir las prácticas de campo y experimentación a fin de comprender los diversos fenómenos científicos y hacer extensiva la divulgación de lo realizado a los demás estudiantes.
- Sistematización y socialización de la información científica de los docentes y alumnos a la sociedad.

Conclusiones:

Todo lo discutido hasta aquí, implica que lo más importante es crear en los alumnos de Educación Media Superior un clima propicio de tal manera que se interesen por las áreas de la ciencia y la tecnología. El compromiso de los docentes por otra parte implica desarrollar los aspectos más creativos y relevantes de la actividad científica.

La comunicación debe ser el canal por el cuál la ciencia y la tecnología, sea vista por los jóvenes como la posibilidad de formarse en áreas productivas que demande el país. Desarrollar medios de difusión e incentivar la participación de jóvenes en talleres interactivos, puede ser una de las muchas opciones para ir arraigando en la mentalidad de los estudiantes su inquietud por el desarrollo de competencias y habilidades en la ciencia y la tecnología.

Literatura citada:

BERNAL, John. D. (2009) La ciencia en la historia Editorial Porrúa. México D.F

CUTCLIFFE (1990). Citado por Colectivo de autores. (1999). Tecnología y Sociedad. Grupo de Estudios sociales de la Tecnología. Editorial " Félix Varela" La Habana, Cuba.

HOTTOIS, Gil. (1991) El Paradigma Bioético: Una Ética Para La Tecnociencia. Anthropos, Editorial Del Hombre. Madrid, España.

MEDINA, M. Y KWIATKOWSNKA (2000) Ciencia, Tecnología / Naturaleza, Cultura en el siglo XXI. Editorial Anthropos. Barcelona, España.

NÚÑEZ Jover, J (1999) La Ciencia y la Tecnología como procesos sociales. Editorial Ciencias Sociales. La Habana. Cuba

OSORIO, M. Carlos (2002) La Educación Científica y Tecnológica desde el enfoque en Ciencia, Tecnología y Sociedad. Aproximaciones y Experiencias para la Educación Secundaria. Revista Iberoamericana de Educación No. 28 Organización de Estados Iberoamericanos para la Educación, la Ciencia y la Cultura

OLIVÉ, León (2000) El bien, el mal y la razón: facetas de las ciencias y la tecnología. Editorial: Paidós-UNAM, México, DF

PAPERT, Seymour (1987) Desafío a la mente: Computadoras y educación. Ediciones Galápago. Buenos Aires, Argentina

SOLANO, David (2008) Estrategias de Comunicación y Educación para el Desarrollo Sostenible. Publicado por: Oficina Regional de Educación de la UNESCO para América Latina y el Caribe UNESCO / Santiago de Chile

CONSEJO NACIONAL DE CIENCIA Y TECNOLOGÍA (CONACYT) Portal digital. Consultado el 10 de Octubre de 2014. El URL de este sitio es http://www.conacyt.mx/index.php/comunicacion/semana-nacional-de-ciencia-y-tecnologia

SUBSECRETARÏA DE EDUCACIÖN MEDIA SUPERIOR (SEMS)

Última modificación: lunes 23 de septiembre de 2013 a las 13:35:30 por oficina de enlace de comunicación de la SEMS Regresar a los atajos accesibles. Consultado el 10 de Octubre de 2014. El URL de este sitio es: http://www.sems.gob.mx

SOBRE LA DECISIÓN DE SER CIENTÍFICO

María Minerva López García[4]
Rita Virginia Ramos Castro[5]

Hace algunos días, una estudiante a la que conocíamos por primera vez, en una clase nueva, se acercó para decirnos que teníamos cara de científicas, no sabíamos exactamente por qué, pero que esa era la impresión que le causaba. Por supuesto que su reacción fue positiva y un tanto de admiración (dicho sea de paso, nos pareció bueno); sin embargo, a partir de estas apreciación acerca de nuestra apariencia, saltan algunas interrogantes, que vale la pena discutir desde el ámbito de la investigación educativa. Es la apariencia, lo que de alguna forma puede determinar el hecho de que los estudiantes elijan una licenciatura y por qué no decirlo, hagan carrera como científicos o por el contrario la imagen que tienen de éstos sirve para definir lo que no quieren ser.

En nuestro trayecto formativo con algunos años de experiencia en la docencia y en la investigación, hemos realizado algunas pesquisas en torno a lo que significan las representaciones sociales y las teorías implícitas que tienen los aprendices sobre diversos conceptos que van construyendo a lo largo de su vida y que pueden incidir en su actuación por el tránsito en las aulas universitarias.

---

[4]   Universidad Autónoma de Chiapas. minerva@unach.mx
[5]   Universidad Autónoma de Chiapas. virginiaramoscastro@gmail.com

A partir de esta referencia teórica, hemos procurado acercarnos a la vida cotidiana escolar para identificar en qué medida tales representaciones, creencias y teorías implícitas, son elementos que definen prejuicios, actitudes y comportamientos que los hacen alejarse de todo aquello que *huela a científico,* en realidad a científico de las Ciencias Naturales.

Hemos escuchado también a los adolescentes decir un buen número de cosas positivas, pero con mayor frecuencia negativas sobre lo que significa la ciencia, su aprendizaje, su enseñanza y lo que hacen los científicos. Sus conversaciones de pasillo, se ve reforzada por los medios de información y comunicación, quienes se han encargado de promover una imagen que se aleja cada vez más del común de la gente; tal pareciera que ser científico es algo que está fuera del alcance de muchos pero, al mismo tiempo, es algo que no les atrae a otros, sobre lo que no queremos ser, asociándolo con soledad, sacrificio e incomprensión por el resto de las personas.

La enseñanza de la ciencia puede y de hecho, en buena medida ha contribuido a que la forma en que se la representen sea atrayente para algunos y definitivamente un camino que no habrán de seguir para otros. Lo que sí se puede decir es que, hay una gran gama de factores que guían las decisiones vocacionales al momento de elegir lo que harán los estudiantes con su futuro profesional.

En este sentido, creemos importante hacer el análisis de algunos de estos aspectos que, desde nuestro punto de vista podrían ser una aportación más a la problemática de la elección de carreras del área de las ciencias naturales y que van desde la forma en que tradicionalmente se ha considerado la práctica de asesoramiento vocacional para la toma de decisiones, la representación social de la ciencia y del científico, la enseñanza de la ciencia, la forma en que los medios promueven la imagen de lo científico, sobre la dificultad que representa para algunos aprender a hacer ciencia, sobre las teorías implícitas de los profesores acerca de la enseñanza y sobre la alternativa de flexibilizar el pensamiento para comprender que ese mundo que de algún modo tiene tintes mitológicos puede ser cercano y posible a la formación.

Cada uno de estos aspectos los iremos desarrollando a lo largo de este capítulo con el propósito de establecer algunas consideraciones que permitan la reflexión acerca de la pertinencia de continuar realizando estudios en estas líneas de investigación y que al mismo tiempo sirvan de referente para redimensionar la representación social que se tiene sobre lo científico.

Las prácticas de asesoramiento vocacional

Desde que se instaura en las escuelas el servicio de orientación educativa, ésta ha estado estrechamente vinculada con el hecho de promover la toma de decisiones de los estudiantes para encontrar su vocación y como consecuencia elegir la carrera más apropiada. La práctica que acompaña generalmente a este proceso de decidir su futuro vocacional se relaciona con el uso de pruebas que pretenden medir los intereses, las aptitudes y las preferencias vocacionales para presentar a cada alumno un diagnóstico que, de forma científica le indique la mejor ruta a seguir.

Aunque en un principio la orientación vocacional surge fuera del contexto de la educación formal a iniciativa de Frank Parsons (1854-1908) siendo ingeniero técnico y asistente social, vinculado con el movimiento de educación progresiva, esta práctica se incorpora pronto al ámbito escolar con un enfoque actuarial en el que se consideraban, según Bisquerra (2009) tres grandes pasos, como se observa en el gráfico 1.

Autoanálisis	• conocimiento de sí mismo
Información profesional	• Conocimiento del mundo del trabajo
Proceso de ajuste	• Ajustar del hombre a la tarea apropiada

Esta tradición de pasar por estas tres fases auxiliado por un profesional, bastaría para poder hacer las mejores elecciones con respecto al futuro vocacional, en la que el conocimiento de sí mismo, sería la tarea central que acompañaría los siguientes pasos a seguir con la información profesional y el consiguiente proceso de ajuste, sin embargo, la experiencia nos dice otras cosas.

No todos los que siguen estas etapas llegan a tomar lo que para ellos mismos podría ser considerado como la mejor decisión, llegando incluso a sentirse insatisfechos muy tempranamente, ya inscritos en la aparente carrera de su sueño, se enfrentan con la difícil decisión de aceptar el error de haber elegido algo que ahora consideran equivocado y que los coloca en una mala posición frente a otros que finalmente han escuchado acertadamente el llamado de la vocación. Sin olvidar que la vocación se va construyendo a partir de las experiencias dentro de la vida escolar.

Llevar a cabo el asesoramiento vocacional no ha cambiado mucho en nuestra época para algunos, que al igual que Parsons, ven a la persona como tomador de decisiones de una sola vez y para siempre, situación que tiene fuertes implicaciones para quienes todavía tienen una fe absoluta en los resultados de las pruebas psicológicas aplicadas por esa especie de magos con bola de cristal adivinando el futuro como suelen pensar en los psicólogos escolares.

Una de las deficiencias de esta acción, es que no toma en consideración que el contexto en el que el estudiante se ha desarrollado, en gran medida va sesgando los gustos por algunas carreras en específico; ya sea por tradición familiar o por así convenir muchas veces a los intereses laborales de los estudiantes, al momento de pensar en el campo laboral.

Pérez, Filella y Bisquerra (2009) hacen referencia a esta condición y sugiere que, gracias a la introducción de las teorías sobre la carrera, el proceso orientador debe entenderse como un proceso que ocurre a lo largo de la vida de la persona en donde los contextos pueden incidir en las decisiones más allá de aquello que algunos determinan como vocación o llamado casi instintivo para dedicarse a una profesión en particular.

Esta práctica ha tomado diferentes caminos desde el trabajo presencial hasta lo que ahora conocemos en línea, de forma virtual con el uso de las tecnologías de información y comunicación, dada la escasez de atención que puede prestar un orientador para la gran cantidad de estudiantes que existen en la escuela.

Con esto, podemos decir que el asunto de la elección está cargado en primer lugar de un conjunto de prácticas que, desde nuestro punto de vista tiene serias limitaciones como lo es el hecho de no considerar al sujeto como un ente sociohistórico que construye teorías a lo largo de su vida y que la cosmovisión que tiene del mundo, de las cosas y de sí mismo no coincida con una lectura crítica de la realidad.

Pertenecer a la secta

Es necesario apuntar que en algunos momentos pareciera ser que las decisiones sobre estudiar o no una licenciatura en el área de las ciencias naturales depende exclusivamente de la persona y en parte puede considerarse válido; sin embargo, también depende de los contextos en los que ahora vivimos y que en buena medida se convierten en referentes para los estudiantes que leen la realidad desde la óptica de donde fueron formados, atendiendo con esto a la idea vigostkiana de considerar que el sujeto es ante todo histórico y que la colectividad provee elementos fundamentales en su proceso de constitución.

En este orden de ideas, no se puede soslayar la incidencia que los medios masivos de comunicación tienen en la forma en que se concibe lo que significa ser científico y que de algún modo se ha asociado a un estilo y una forma de ser y de ver el mundo. Existen diversas imágenes en donde la persona que hace ciencia se la pasa metida en su laboratorio haciendo experimentos, es un poco despistado, con pocas habilidades de socialización; por lo tanto, con poca interacción con el resto de las personas. Por otra parte, también se le atribuyen ciertas características relacionadas con altos niveles de inteligencia, colocándolos en una posición de superioridad frente al resto de los mortales que solo pueden acceder a una información mucho más sencilla que la que ellos logran organizar. Es bastante común pensar en ciencia frente a la figura de Einstein o recientemente a la de Stephen Hawkin, considerados mentes brillantes.

Frente a estos monumentos, pocos pueden aspirar para pertenecer a este selecto grupo, a no ser como simples espectadores que consumen la información que ellos producen a través de un profesor que en clase traduce lo que bien puede para hacerla llegar a sus estudiantes.

Riviere (1990), al hacer un estudio sobre las dificultades de aprendizaje de las matemáticas, hacía referencia a esta percepción que se nutre justamente de la forma en que los profesores presentan a sus estudiantes los contenidos a aprender, haciendo sentir que es para unos pocos; este autor referencia la manera en que los filósofos concebían a la adquisición de aprendizajes desde esta ciencia como una experiencia de carácter divino, de tal forma que

> …..los conocimientos matemáticos no debían ser comunicados a los no iniciados en los complejos rituales de la secta, de forma que a los niveles más elevados y, por así decirlo <místico> de la experiencia matemática sólo podía acceder un grupo selecto de <mathematikoi> y no los simples <acusmáticos> ni, menos aún, las personas ajenas a la sociedad pitagórica, (p. 1)

Lo que se puede observar a partir de lo anterior es que la sacralidad con la que históricamente se ha construido la imagen de las ciencias y en este caso en particular las matemáticas, induce a la consideración de la selectividad, del poco acceso a ellas, a menos de que el grado de inteligencia sea tal que se acceda a los oscuros secretos del saber científico.

Aparentemente esta forma de ver a las ciencias parecería un tanto inofensivo, a no ser porque en el fondo, es una idea compartida por muchos ya sea en forma de creencia, representación o teoría implícita y que a la larga determina tanto la actuación de los estudiantes como la de los profesores, quienes en el momento en que enseñan, logran tal grado de complicación, siendo casi imposible comprender, llegando los estudiantes a la conclusión que lo único importante es pasar los exámenes y deshacerse de las asignaturas científicas lo antes posible.

Tal parece que aún con los cambios en las propuestas curriculares, en el fondo, muchos profesores siguen teniendo prácticas que refuerzan estas ideas y como consecuencia, son cada vez menos, los seleccionados para incursionar en esta difícil tarea de hacer ciencia. De ahí la importancia de revisar las teorías implícitas de los docentes que enseñan ciencia y no quedarse en el mero hecho de identificar si tienen o no formación pedagógica, que no está de más pero, que no es suficiente. Las habilidades, destrezas y estrategias para enseñar, pueden estar fuertemente influidas por una idea errónea de lo que significa la ciencia o ser científico y como buen vendedor que seduce con sus palabras, puede implícitamente mandar el mensaje de que no es algo a lo que los estudiantes puedan dedicarse en el futuro.

Cuando afirmamos que la formación pedagógica no es suficiente, nos referimos al hecho de que cada profesor debe reflexionar con bastante seriedad su papel de mediador simbólico, capaz de tender puentes más allá de los meramente relacionados con la comprensión de los conceptos. La reflexión habrá de incluir también la revisión de sus teorías implícitas con mucha probabilidad a través de un ejercicio colectivo de revisión de las prácticas docentes que imperan en las aulas.

Ante esta perspectiva, la mirada se hace necesaria para indagar lo que sucede en la mente de los profesores para reforzar una serie de ideas entre sus estudiantes, para hacerles sentir que, a menos que tengan mucha suerte lograrán tener experiencias significativas y con ello allanar el camino para acercarse a este fascinante mundo.

Entre el saber cotidiano y el científico

Una explicación alternativa para comprender el hecho de que exista un buen número de estudiantes que decidan hacer carrera en cualquier otra área menos en aquella que se relacione con las ciencias naturales, la podemos encontrar desde el punto de vista sociocognitivo en el constructo de teorías implícitas que han sido suficientemente estudiadas desde hace algunas décadas.

Rodrigo (1993) Rodrigo, Rodríguez y Marrero (1994) Pozo (1987), Pozo, Echeverría, Sanz y Limón (1992) y Carey (1991) han insistido en la importancia de estudiar las teorías implícitas como verdaderas teorías que construimos a lo largo de nuestra vida cotidiana, para dar coherencia y sentido a la realidad, explicarla y hacerla más accesible a nuestra estructura cognitiva. Una de las razones para llevar a cabo este tipo de estudios es que se pretende establecer una correlación entre las teorías implícitas de los estudiantes y su incidencia en el aprendizaje escolar para propiciar el cambio conceptual.

Históricamente ha existido la preocupación por la formación de los escolares en una serie de contenidos que no provienen de la realidad inmediata y que en el formato de contenidos escolares deben ser aprendidos, comprendidos y aprehendidos por cada alumno con el propósito de intercambiar la versión simplista o reduccionista de las cosas y fenómenos en su entorno por una que ha recorrido un camino racional, metodológico y con una rigurosidad tal que pretende asumirse como una verdad legítima avalada por la ciencia.

En este sentido, el conocimiento de vida cotidiana (conocimiento que en muchas ocasiones no es reflexionado pero si asumido como válido), que se ha construido a lo largo de la vida de cada persona se presenta ante los ojos de los estudiantes como algo que debe ser sustituido por otro de mayor complejidad y que ocupa un lugar primordial en la sociedad. No es lo mismo explicar los problemas que se suscitan en la sociedad haciendo uso del constructo equidad de género, a pensar en que los pleitos entre hombres y mujeres se debe al machismo como contenido de sentido común.

Sin embargo, el carácter implícito de la forma en que se organiza el conocimiento de vida cotidiana; tiene un alto valor y debe ser estudiado y no minimizado tal cual suele suceder, porque desde el punto de vista de Rodrigo (1994)

....gracias a que las personas tienen teorías implícitas pueden interpretar situaciones sociales, se comunican y negocian con otros, sacan ganancias o pérdidas de estos intercambios sociales, regularizan y comparten sus actividades dotándolas de un mismo significado para su cultura, etcétera, (p. 1)

Con esto, se rescata el carácter funcional de las teorías implícitas en su construcción pero particularmente en su uso, puesto que sirven como referente para resolver problemas cotidianos y el valor de su estudio, radica en la forma en que ciertos conceptos científicos e incluso la misma idea de ciencia o de ser científico esté atravesada, por no decir sesgada por la forma cotidiana de ver al mundo, en donde poco se cuestiona lo que se sabe y se comparte con otros, trayendo consigo errores conceptuales que pueden estar incidiendo en muchas circunstancias tales como la decisión vocacional.

Estudiar las teorías implícitas ha permitido una mirada distinta a ciertos comportamientos que parecen incongruentes ante los ojos de los demás, en tanto que quienes lo muestran parecen algo normal y lógico. Es más puede suceder que ni siquiera esté consciente de estas incongruencias. Así, por ejemplo, podemos escuchar decir a los profesores que se declaran abiertamente constructivistas, dar una cátedra sobre lo mismo, reseñar su actuación en las aulas, mientras que su práctica nada tenga que ver con lo que pregonan.

Aparentemente una situación de esta naturaleza, podría explicarse más como una simulación intencional del profesor por mantener una buena imagen ante los demás, tratando de mostrar a los otros que sigue el discurso educativo, que está formado para trabajar con el modelo, sin embargo, lo que puede ser plausible a partir del concepto de teoría implícita es que en el caso de algunos profesores, consideran que verdaderamente lo que hacen en el aula es constructivista por el sesgo que puede existir y generar un error conceptual que lo lleve a una práctica distinta de la que verbaliza.

En el caso de los estudiantes, sus teorías personales afectan la interacción y las decisiones que toman con respecto a su orientación motivacional.

Redondo, Ingles y García Fernández (2014) encontraron que prevalecen dos grandes teorías, la de la entidad y la incremental, basándose la primera en la idea de una inteligencia fija e inmutable, en tanto que la segunda sugiere la modificabilidad a través del esfuerzo, sugieren que

> Cuando los estudiantes piensan que su inteligencia es fija, estos se orientan extrínsecamente puesto que su objetivo principal es obtener juicios positivos de los demás. Por el contrario, cuando los estudiantes mantienen una teoría incremental, tienden a orientarse más intrínsecamente puesto que su objetivo es aumentar sus capacidades y habilidades, (p. 483)

La construcción del conocimiento cotidiano y el científico

Estudiar a las teorías implícitas para su cabal comprensión, ha llevado a identificar los procesos en que tanto el conocimiento de vida cotidiana y el científico se construyen para que permita ir dilucidando el camino y la utilización de ambos tipos de conocimiento.

Rodrigo (1997) al llevar a cabo el ejercicio de revisar tanto la función como el contexto de ambos tipos de conocimiento, incluyendo también al conocimiento escolar, identifica que no se sigue un proceso natural de tránsito del cotidiano al escolar y del escolar al científico, porque la base de la construcción es de distinta naturaleza; en el caso del saber cotidiano se construye para explicar y controlar los sucesos de vida cotidiana que resultan significativos; por lo que las necesidades generadas por el contexto, son las que lo determinan.

En el caso del conocimiento científico, la respuesta no es tan inmediata, es planificada para su estudio, existe mayor sistematicidad con un referente que deviene de construcciones teóricas de su disciplina o de otras más. Supone explicar para comprender un fenómeno de lo real con una ruta distinta a la seguida para el conocimiento cotidiano.

El hombre de la calle al que hace referencia esta autora, o los de a pie como lo menciona Torres, J. (2001) no tiene como oficio construir conocimiento como lo tiene el científico, quien rodeado de artefactos, observa sistemáticamente, comprueba, realiza experimentación, construye hipótesis y está al pendiente de los sesgos en el diseño de la investigación o en la interpretación de los hallazgos.

Tabla 1: Diferencias entre el hombre de la calle y el científico

	Hombre de la calle	Científico
Observación	Asistemática e interviene ampliamente la subjetividad	Sistemática y controlada
Argumentos	No sujetos a prueba	Sujetos a prueba
Oficio	No existe intencionalmente	Aprendizaje gradual y sistemático
Propósitos	Explicaciones rápidas y sencillas del mundo	Explicaciones complejas
Sesgos	No está al pendiente	Se entrena para controlarlos

Adaptado de Rodrigo (1994)

Lo interesante de esta propuesta es que resulta atractiva para explicar en qué medida la funcionalidad de las respuestas que las personas encontramos como ideas de sentido común resulten ser mucho más convincentes que las que nos provee la ciencia; quizá, porque experimentamos el control sobre cada situación, en tanto que el científico tiene que entrenarse para lograrlo.

Por otra parte, el probable conflicto que se genera cuando se ponen a prueba las creencias y las teorías implícitas, para el caso de algunos, no se resuelve con la búsqueda, sino con el abandono de acciones teórica metodológicas para seguir en la comodidad de trabajar con sus propias teorías implícitas aún sin tener pleno acceso a ellas y que, por lo tanto, éstas se afiancen más, con argumentos que no se sostienen pero que descansan en el sincretismo de parecer congruentes aunque en el fondo no lo sean.

Una de las estrategias para modificar las teorías implícitas sobre la ciencia como algo sumamente difícil y complicado tiene que ver con un trabajo que descanse menos en la exposición docente y en la muestra de un conocimiento acabado dogmático, por uno en donde el profesor como mediador simbólico sea capaz de generar situaciones de aprendizaje retadoras en donde en primer lugar se genere el conflicto acerca de los saberes que poseen los estudiantes.

El conflicto cognitivo tendrá que generar discusiones profundas sobre lo que se sabe y su procedencia, para identificar la medida en que éstos se construyen sobre bases sólidas o sobre argumentos que no se sostienen por mucho tiempo. Es importante que los estudiantes se cuestionen, que indaguen, que formulen preguntas y que busquen respuestas. La discusión profunda podría ser la alternativa para que se logre el acceso a la conciencia de las teorías implícitas y puedan analizarse con mayor rigor metodológico.

Es necesario que los profesores abandonen las viejas prácticas de poner límites a la exploración de los estudiantes por cuenta propia, deben provocarlos para que rompan la dependencia y abandonen la comodidad con la que ven el mundo, amparados en sus teorías implícitas y que experimenten que la dificultad en el aprendizaje de las ciencias es generado en gran medida por una enseñanza poco creativa para no permitir la entrada a la secta.

Referencias.

Carey, S. "Knowledge acquisition: Enrichment or conceptual change?" (1991) En S. Carey y R. Gelman (eds): The epigénesis of mind, Hillsdale, N., Lawrence Associates,

Pérez, N., Filella, G. Y Bisquerra, R. A los 100 años de la orientación: de la orientación profesional a la orientación psicopedagógica. En *Revista Qurriculum*, No. 22; octubre 2009, pp. 55-71

Pozo, J. (1987) *Aprendizaje de la ciencia y pensamiento casual.* Madrid: Visor

Pozo, J., Pérez, M., Sanz, A. Y Limón, M. (1992) "Las ideas de los alumnos sobre la ciencia como teorías implícitas" en *Revista Infancia y Aprendizaje*, 57, 3-22

Riviére, A. Problemas y dificultades en el aprendizaje de las matemáticas: una perspectiva cognitiva. (1990) En Marchesi, A., Coll, C. y Palacios, J. (comp.) *Desarrollo psicológica y educación, III. Necesidades educativas especiales y aprendizaje escolar.* Capítulo 9. Madrid: Alianza Editorial

Redondo, J., Ingles, C. y García-Fernández, J. Conducta prosocial y atribuciones académicas en Educación Secundaria Obligatoria. En *Anales de psicología*, 2014, vol.30, no. 2, 482-489

Rodrigo, M, A., Rodríguez, M. J. Y Marrero. (1994) (eds) *Las teorías implícitas. Una aproximación al conocimiento cotidiano.* Madrid: Aprendizaje Visor

Torres, J. (2001) *Los efectos del neoliberalismo en el curriculum, en: Educación en tiempos de neoliberalismo.* Madrid: Morata, pp. 185-214

MANUAL INTRODUCTORIO DE DIVULGACIÓN

PRESENTACIÓN

El *Manual introductorio de divulgación*, publicado en 2010 por la Universidad Politécnica de Tulancingo, ya se refería a mis primeras experiencias en el campo de la divulgación de la ciencia, de modo que, sumados los 28 años que menciono en la presentación de entonces y los 4 que han transcurrido, estamos hablando de una cantidad respetable. Como es de esperarse, han ocurrido algunos cambios y deseo compartirlos con el lector para que, independientemente de que este manual todavía pueda resultarle útil, no vea reducido su horizonte a falta de novedades.

En primer lugar, veo que en mi manuscrito original anoté: "mencionar las tecnologías de la información". Evidentemente hace 4 años ya hacía falta tomarlas en cuenta, no se diga hoy. El hecho de que el manual se refiera solo a la divulgación escrita no impide, a mi modo de ver, que muchas de las propuestas que se hacen entonces puedan aplicarse a otros medios, tan modernos como se quiera, puesto que, sin duda, la base de cualquier otro medio es el texto.

En segundo lugar, la investigación actual y preponderante del fenómeno "divulgación" ha reducido mucho las vertientes y se ha enfocado en la cuestión sociopolítica, particularmente en el empoderamiento ciudadano; esto ha creado, entre otras cosas, una noción maniquea de que los científicos y la ciencia son "los malos" y el público "el bueno", lo cual ahora puede verse como algo contrario al espíritu que anima a la divulgación y a la enseñanza de la ciencia. El producto de todo esto es una visión fundamentalista: la divulgación se hace con visión política o es inaceptable. Sin embargo, todavía hay pequeños grupos de divulgadores que abogan por la satisfacción estética que produce conocer.

Por lo anterior y en tercer lugar, el nombre "divulgación" ha pasado a ser políticamente incorrecto; después de varias mutaciones, hoy es "comunicación pública de la ciencia" o, más radical, "apropiación". Yo jamás lo usaré, pero es necesario hacerlo constar.

Como verá el lector, en su dimensión vocacional el problema clave en relación con la problemática de la enseñanza de las ingenierías y las ciencias matemáticas y exactas es crear y sostener el interés. Y este es justamente el objetivo de la divulgación y de las investigaciones contenidas en este libro donde se inserta ahora el manual.

Ana María Sánchez Mora

CONTENIDO

PRESENTACIÓN DE 2014

El *Manual introductorio de divulgación*, publicado en 2010 por la Universidad Politécnica de Tulancingo, ya se refería a mis primeras experiencias en el campo de la divulgación de la ciencia, de modo que, sumados los 28 años que menciono en la presentación de entonces y los 4 que han transcurrido, estamos hablando de una cantidad respetable. Como es de esperarse, han ocurrido algunos cambios y deseo compartirlos con el lector para que, independientemente de que este manual todavía pueda resultarle útil, no vea reducido su horizonte a falta de novedades.

En primer lugar, veo que en mi manuscrito original anoté: "mencionar las tecnologías de la información". Evidentemente hace 4 años ya hacía falta tomarlas en cuenta, no se diga hoy. El hecho de que el manual se refiera solo a la divulgación escrita no impide, a mi modo de ver, que muchas de las propuestas que se hacen entonces puedan aplicarse a otros medios, tan modernos como se quiera, puesto que, sin duda, la base de cualquier otro medio es el texto.

En segundo lugar, la investigación actual y preponderante del fenómeno "divulgación" ha reducido mucho las vertientes y se ha enfocado en la cuestión sociopolítica, particularmente en el empoderamiento ciudadano; esto ha creado, entre otras cosas, una noción maniquea de que los científicos y la ciencia son "los malos" y el público "el bueno", lo cual ahora puede verse como algo contrario al espíritu que anima a la divulgación y a la enseñanza de la ciencia. El producto de todo esto es una visión fundamentalista: la divulgación se hace con visión política o es inaceptable. Sin embargo, todavía hay pequeños grupos de divulgadores que abogan por la satisfacción estética que produce conocer.

Por lo anterior y en tercer lugar, el nombre "divulgación" ha pasado a ser políticamente incorrecto; después de varias mutaciones, hoy es "comunicación pública de la ciencia" o, más radical, "apropiación". Yo jamás lo usaré, pero es necesario hacerlo constar.

Como verá el lector, en su dimensión vocacional el problema clave en relación con la problemática de la enseñanza de las ingenierías y las ciencias matemáticas y exactas es crear y sostener el interés. Y este es justamente el objetivo de la divulgación y de las investigaciones contenidas en este libro donde se inserta ahora el manual.

Ana María Sánchez Mora

Introducción

Los que empezamos a divulgar la ciencia por allá de los años 1980 bajo el ala protectora del Dr. Luis Estrada, pionero de la divulgación mexicana, teníamos nuestra vida laboral relativamente fácil: gozábamos de un sueldo pequeño pero seguro, pertenecíamos a la UNAM, y la labor apenas despuntaba en nuestro país. Las ventajas eran evidentes, si contrastamos con el pasado inmediatamente anterior, cuando se consideraba que el trabajo de divulgar no era una profesión sino un "voluntariado social". Ocupábamos una casa en Coyoacán, que albergaba a nuestra diminuta comunidad, donde todos nos conocíamos. Allí aprendimos a escribir, a redactar noticias, entrevistas y artículos, a participar en ferias y talleres, y algunos dieron los primeros pasos en el diseño de exhibiciones. Teníamos tiempo para discutir, inventar y experimentar. Se daba por entendido que a divulgar se aprendía sobre la marcha, de modo que no nos preocupaba la definición de nuestra labor puesto que la creábamos día a día, por lo que tampoco necesitábamos manuales, de todos modos inexistentes. En cuanto a nuestro "perfil profesional", éste era tan amplio como diverso: literatos, historiadores, científicos, filósofos, escritores y manejadores de medios. Lo que nos unía en el Centro Universitario de Comunicación de la Ciencia (CUCC) era el interés por comunicar la ciencia.

Una década después el CUCC asumió un enorme proyecto: la creación de un museo de ciencias. Esto hizo necesario contratar a mucha gente que no necesariamente tenía vínculos con la divulgación. Y al mismo tiempo la comunidad externa, tanto del Distrito Federal como del resto del país, empezó un crecimiento acelerado, ya fuera como parte de las instituciones de enseñanza superior o bien financiada por particulares. Aun en sitios pequeños y remotos se fundó una "casita de las ciencias"; en ciudades grandes y prósperas nacieron museos y centros de ciencia. Un ejemplo es el museo hidalguense El Rehilete.

La Sociedad Mexicana para la Divulgación de la Ciencia y la Técnica (Somedicyt), creada en los momentos de transición entre la etapa de dimensiones minúsculas y la de grandes ambiciones, vio crecer el número de sus socios. El primer congreso nacional de divulgadores tuvo una concurrencia numerosa; pero también fue una prueba incontestable de que el rumbo de la divulgación se había desdibujado. Asistimos (y conforme transcurrieron los siguientes congresos fue más evidente) a una Babel: parecía que ya no hablábamos exactamente de la misma actividad. Divulgación y enseñanza, periodistas y divulgadores, ciencias naturales y sociales se mezclaban para aflorar en dos preocupaciones constantes: ¿Qué es la divulgación y quién debe hacerla?

La respuesta de nuestro guía, el doctor Estrada, fue muy bien recibida: **"Que la divulgación la haga quien quiera, pero que la haga bien"**. Mas la ilusión de que todos participábamos de esa amplitud de criterio fue derrumbada cuando ingresamos (en esa misma década de los años 1980) los divulgadores de la UNAM a la Academia; el sistema académico imperante en las instituciones de educación superior nos recibió con dos soberbias preguntas: ¿dónde están sus doctorados? y ¿dónde publican sus *papers*? En efecto, no existían estudios formales en divulgación, ni revistas especializadas en nuestra disciplina. Pero lo peor era que ni siquiera podíamos definir sin ambigüedades en qué consiste divulgar la ciencia.

Muchos creen que definir una actividad con muchas componentes artísticas, que exige libertad intelectual y amplitud de miras, es encasillarla. Pero imagínense ahora que, por simples razones de edad y experiencia, tienen ustedes la responsabilidad de formar a los jóvenes divulgadores, que exigen una respuesta clara y sin ambages. No podía dejarse de abordar la cuestión.

Los problemas del quehacer y el aprendizaje de la divulgación, que además ya se discutían en la comunidad de los divulgadores, están vinculadas con las siguientes ideas:

- La profesionalización
- La formación
- La evaluación
- La variedad
- La investigación

En distintos foros, en especial los congresos nacionales de la Somedicyt, se defendía mucho el estatus profesional de la divulgación, es decir, el hecho de que quien divulga no es un satélite del científico, ni un maquilador, ni un universitario de tercera, sino un trabajador académico creativo y respetable. Por otra parte, se consideraba entonces que la formación profesional de un divulgador debía ser en ciencias aunque no necesariamente la de un científico; se reconocía también que los comunicadores manejaban recursos y lenguajes de los que carecían los científicos, de modo que la comunidad de divulgadores terminaría aceptándolos, primero como "puentes" y finalmente como colegas. Otra vertiente de la profesionalización se refería a la manera en que se formaba un divulgador: por imitación, al azar, sin método ni programa.

A excepción de unos cuantos intentos (Claustro de Sor Juana, cursos aislados de periodismo científico, una materia en la Facultad de Ciencias Políticas y Sociales de la UNAM), todavía en los años 1990 no había manera formal de aprender los rudimentos de la divulgación. **Todos los divulgadores estábamos de acuerdo en que la creatividad, la responsabilidad, el criterio y el estilo no son materias que se puedan enseñar.** Sin embargo, después de años de propugnar por una divulgación buena y abundante, no era posible ignorar la necesidad de formar adecuadamente nuevos profesionales. Tras discutir estas ideas, en 1995 el CUCC abrió el primer diplomado en divulgación de la ciencia, cuyas versiones iniciales reflejaban la estructura del museo Universum, es decir, con énfasis en los medios. Posteriormente se le dio más espacio a la cultura científica, al análisis, y a la lectura y escritura de textos. Nunca se ha pretendido que un diplomado supla los años de trabajo y experiencia que se requieren en la divulgación, sino tan sólo brindar las bases mínimas para iniciarse en esta tarea.

Pero una vez formado el divulgador, al empezar a trabajar se encuentra con que no existen criterios realistas para evaluar el resultado de su actividad. Este problema ha polarizado a nuestra comunidad: hay quienes pretenden que se puede evaluar (a) siguiendo el criterio académico universitario (currículum, publicaciones internacionales, arbitraje, puntos, citas), o (b) mediante un equipo interdisciplinario de la propia comunidad de divulgadores. El polo opuesto rechaza la evaluación aduciendo (a) que es imposible imponerle a la divulgación criterios que se emplean para evaluar la investigación, una tarea tan distinta y (b) que no pueden existir criterios eficientes que engloben todos los medios, evalúen la creatividad y sancionen lo correcto de los conceptos. Tras diversas discusiones públicas y privadas, no se ha llegado a un acuerdo de ningún tipo; lo único que se presiente es que, dejado el asunto en manos administrativas, los criterios serán utilitarios, financieros y sesgados.

El término "sesgados" viene a colación porque hoy la comunidad de divulgadores está formada por un espectro muy amplio de personalidades, procedencias, formaciones, ambientes, posturas, preferencias y habilidades. Así, cada divulgador define la divulgación (en particular sus objetivos) de manera casi individual, aunque a la postre se complemente con las definiciones de los otros y haya un consenso genérico. Por otro lado, las disciplinas y las técnicas que intervienen en la divulgación son muy variadas y, a excepción de ciencia y comunicación, que me parecen absolutamente indispensables, no se puede privilegiar una sobre otra (por ejemplo, en las simpáticas discusiones sobre si es más divulgador el que programa un curso que quien lo imparte, o el que hace video o radio). Para ordenar un poco lo anterior, podríamos recurrir, por lo menos, a tres criterios: 1) el de las labores sustantivas: "investigar, enseñar y difundir"; 2) el de los objetivos: informar, formar opinión, culturizar, politizar, disfrutar, compartir, masificar, convertir, educar, subvertir, vender; 3) el de los medios: audiovisual, escrito, museográfico, conferenciante, computacional, artístico. Sesgado, entonces, sería el criterio que ignorase todos estos componentes para privilegiar uno solo.

Como se podrá concluir, **una buena herramienta para resolver algunos de los problemas de la divulgación es la investigación de nuestro campo de trabajo mediante múltiples disciplinas: estilísticas,**

lingüísticas, pedagógicas, históricas, filosóficas, sociales, entre otras, que abarquen las experiencias institucionales y privadas, que amplíen y enriquezcan las discusiones, y que produzcan una bibliografía cada vez más abundante.

La investigación de la divulgación está en marcha y floreciente. Nos queda un problema concerniente a la profesionalización de nuestra labor y que he dejado para el final porque tiene que ver con todos los puntos abordados en este texto: la definición de la divulgación.

Propongo, de manera muy general, que la divulgación de la ciencia es una labor multidisciplinaria cuyo objetivo es comunicar, utilizando una diversidad de medios, el conocimiento científico a distintos públicos voluntarios, recreando ese conocimiento con fidelidad y contextualizándolo para hacerlo accesible.

Así pues, este manual está dirigido a los divulgadores, ya formados o en formación, que se plantean la válida pregunta: ¿qué estoy haciendo, cómo y para qué? No pretendo hacerlo con la ambiciosa y desmedida promesa de responderla, sino con la humilde intención de ayudar a encontrar una respuesta.

Reflexiones

Enseñanza y aprendizaje de la divulgación

Hace unos años me vino a visitar un joven y simpático periodista que acababa de ser contratado por uno de los institutos científicos de la UNAM para hacer la divulgación de sus proyectos. El joven periodista estaba angustiado pues, egresado de comunicación, anteriormente su práctica profesional estaba enfocada a cubrir la fuente política de cierto diario. Sus nuevos contratadores le habían explicado que *lo único* que tenía que hacer era comunicar a los legos, de la manera más *clara* y *amena* posible, los temas de frontera que el instituto en cuestión abordaba y deseaba difundir.

Lo que el periodista preocupado quería saber se reducía a una línea: **¿cómo se aprende a hacer divulgación?**

¿Divulgación? ¿De cuál?, le pregunté inocentemente. ¿Para niños, adolescentes o adultos? ¿Para primaria, secundaria o prepa? ¿Para científicos de otras especialidades? ¿Por escrito, en video o por radio? ¿Estilo literario o periodístico? ¿Como cuento, entrevista, ensayo o guión? ¿Modelo Gamow, Asimov, Sagan, Jay Gould o Dawkins?

Aunque conseguí exactamente lo contrario, yo no quería desanimarlo, sino mostrarle la gama de posibilidades que existen dentro de la labor que llamamos divulgación de la ciencia. Pero todavía le quedó ánimo para hacer una pregunta: ¿en qué libro puedo aprender todo eso?

No hay libros de texto, le contesté. Te puedo recomendar algunos artículos, un capítulo de un libro; te puedo sugerir la lectura de ciertos clásicos... al menos yo les llamo clásicos.

¿Y no existe una escuela en donde enseñen a hacer divulgación?, fue su último intento. ¿Cómo puede llegar alguien a ser divulgador?

Aunque no lo parezca a primera vista, esta pregunta es semejante a cuestionarse cómo aprende un pintor a pintar, un escritor a escribir y un compositor a componer. ¿Cómo se enseñó, por ejemplo, Leonardo da Vinci a pintar?

Seguramente acudió en compañía de sus papás a la escuela "El Renacimiento", donde se matriculó. Adquirió sus útiles escolares en "Numen". Cursó Pintura Básica, Intermedia y Avanzada; se aprendió de memoria los libros "Cómo ser un buen pintor", "La perspectiva moderna" y "La química de los pigmentos"; obtuvo buenas calificaciones y, para titularse, pintó la Mona Lisa. Qué ordenado y metódico... pero sabemos que no fue así.

Leonardo fue admitido como aprendiz, muy pequeño aún, en el taller del Maestro Perugino; después de un período de barrer y traer las pizzas, sus primeras enseñanzas se refirieron a la fabricación de pinceles y a la combinación de pigmentos. Un día, sus mayores le dieron la oportunidad de pintar el fondo de un cuadro; después, le confiaron la tarea de completar la vestidura de una virgen; luego le permitieron hacer un bosquejo. Aun tratándose de un genio, el camino que recorrió Leonardo fue completamente artesanal.

En la actualidad, el camino que transita un aspirante a pintor (o a escritor, o a compositor) es uno intermedio entre la Academia y el taller del maestro. Podríamos equipararlo también con el modo en que un futuro investigador aprende a investigar. Sale de la escuela con un cierto método, con algo de información sobre su tema. Pero luego ha de arrimarse a la sombra de un investigador ya formado quien, con la práctica, le enseñará el oficio.

Si les preguntara a los colegas divulgadores de mi generación cómo aprendieron a hacer divulgación, estoy segura de que la inmensa mayoría, dentro de la que me incluyo, respondería que más a la manera de Leonardo (toda proporción guardada) que a la del investigador, porque en este último caso existe un cuerpo de enseñanza, un canon del cual se ha de partir. En el caso de la divulgación, no existía ni existe todavía un corpus ni un método; no hay libros de texto ni exámenes. Todos la aprendimos en la práctica, con suerte a la sombra de un divulgador ya formado y hasta reconocido. Y como en cualquier actividad intelectual, con escuela o sin ella, algunos trascendieron al encontrar un estilo propio, una definición original, una manera muy personal de hacerla. Y si en suerte les tocó llegar a ser considerados divulgadores de primera línea, tal vez pudieron retribuir ese conocimiento empírico a otros jóvenes aprendices. Sólo a unos cuantos, pues se trataba de una enseñanza individualizada.

Este estado de cosas en el aprendizaje de la divulgación nos hizo preguntarnos si éste seguía siendo el enfoque correcto. Si la necesidad de contar con buenos divulgadores era cada día mayor, ¿podíamos continuar manteniendo este tipo de enseñanza casi elitista, a cuentagotas y además azarosa?

Hoy día muchos pintores (escritores o compositores) reciben dosis tanto de Academia como de taller, y aunque esto no garantiza que resulten buenos artistas (y hasta haya quien afirme que Leonardo no habría pintado la Mona Lisa de haber pasado por una academia), al menos tienen un punto de partida. Hasta los genios necesitan conocer las técnicas y las tradiciones. Yo creo que efectivamente hay divulgadores natos y hasta geniales, pero esto no debe excluir al común de la gente que, como nosotros, tiene que aprender por ensayo y error, por tino y desatino, con criterios únicamente subjetivos porque no existe la enciclopedia de la divulgación, ni el método a seguir; no hay libros de texto ni recetas infalibles. Peor aun, no hay un sistema apropiado para evaluar el trabajo, de modo que no podemos saber si lo que aprendimos empíricamente y luego aplicamos es bueno o malo.

La UNAM cuenta hoy con un diplomado y una línea de posgrado que intentan, de manera más práctica el primero y más teórica la segunda, formar profesionales de la divulgación. Habrá quienes opinen, no sin cierta razón, que un diploma o un grado no son suficientes para avalar la conversión del neófito en divulgador profesional. ¿Quién responde por la creatividad y la responsabilidad, el criterio y el sentido común, que son cualidades indispensables para un divulgador, y que no son materias que se enseñen en la escuela?

La respuesta tendría los mismos alcances que si se hiciera respecto a un médico, a un músico o a un economista.

La crisis existencial del divulgador

Cómo no. Por supuesto que alguna vez me ha sorprendido. Siempre nos sorprende la alteración aparentemente gratuita de la estabilidad. Hace algún tiempo supe de una dentista que, tras años de práctica en bocas ajenas, se cuestionó la razón de haber elegido tal oficio. ¿Lo abrazó por dinero, vocación de servicio, estatus social, antecedentes familiares? ¿O se debió a un genuino gusto por los premolares? Seguramente ustedes conocen otros muchos casos, a los que llamamos crisis existenciales con cierta sorna, en los que alguien que parecía transcurrir sin problemas por el camino de una profesión, empieza a preguntarse si eligió el rumbo correcto. Cada respuesta particular puede no ser simple, sino una mezcla de razones y pasiones. Pero sin duda nos parecería chocante, o cuando menos extraño, que la dentista de mi ejemplo tratara de contestarse la pregunta: "¿Qué estoy haciendo, si no me queda claro qué es la odontología?"

Hay de profesiones a profesiones; la mayoría tiene un objetivo claro y un campo de acción bien definido. Sin embargo, la divulgación de la ciencia todavía hoy admite que se le cuestione en los términos que hace un párrafo parecieron absurdos: **¿qué estoy haciendo, si no me queda claro qué es la divulgación y mucho menos para qué la hago?**

El asunto del dinero, por lo menos en términos de subsistencia, no es despreciable; tampoco es trágico, pues si bien todavía hace unos 20 años se consideraba que la divulgación no era remunerable, sino una especie de voluntariado social, hoy me consta que los divulgadores viven de cobrar por su trabajo. En cuanto a "hacer dinero", como lo podría hacer un ortodoncista, ésta es todavía una idea exótica para la mayoría de los divulgadores, aunque no descartable; tal vez dependa del reconocimiento general y de las habilidades financieras de cada quién.

El estatus social tiene sus bemoles. Si una madre puede inflarse como pavo al decir "mi hija es neurocirujana" o "mi hijo es físico nuclear", ¿diría igualmente orgullosa "mi hija es divulgadora"? Todo depende de lo que se considere exitoso, pero para la sociedad la divulgación no adquiere todavía un halo semejante de superioridad profesional. Mucha gente, sobre todo investigadores, incluso le asigna una connotación de fracaso: "pobre, no pudo ser científico, se dedicó a la divulgación de la ciencia", para añadir en voz baja: "al menos tiene un oficio honesto y hasta le pagan". Y por más que se diga que la divulgación es una labor inaplazable para lograr un mejor futuro para la humanidad, si esto es cierto, no parece que la sociedad esté muy convencida.

La influencia familiar es un aspecto igualmente complejo y relacionado con el anterior. Cuando la hay, puede operar tanto a favor como en contra de abrazar una vocación, aunque en la generalidad de los casos la elección es independiente. Lo que sí he observado es que, ampliando el concepto de familia hasta aquellas influencias determinantes en la infancia y primera juventud, como lecturas, ambientes y maestros, muchos han elegido la divulgación por intermediación de un excelente libro, de una plática amenísima en un museo o de una maestra con excepcionales dotes de comunicadora. Una pregunta que aquí cabría hacer es si a la pasión por divulgar la antecede la pasión por la ciencia (donde la última frase y los estudios formales en ciencia no son equivalentes). Todo parece indicar que sí, pues de lo contrario, y volviendo a nuestro ejemplo dental, sería como que alguien decidiera hacerse odontólogo sin conocer y gustar del mundo molar.

He dejado para el final la cuestión de la vocación de servicio, porque tal vez sea la que más atañe a la divulgación. Los convencidos de la importancia de la ciencia como medio ineludible para la mejoría humana pueden ver a la divulgación como una especie de proselitismo para ganar adeptos a la ciencia. Otros declaran, no sin cierta solemnidad, que la comunidad científica debe retribuir a la sociedad que la sostiene una parte del conocimiento generado, proporcionándole información interesante, comprensible, amena, y hasta útil. De aquí se desprende que es una obligación social de los científicos hacer, en sus ratos libres por supuesto, divulgación de la ciencia. Viene a la mente la soñadora estampa de la bióloga de bata blanca rodeada de chiquillos felices que hacen peguntas inteligentes sobre las patas de los arácnidos. Dos biólogos más para la cosecha y en la fila de atrás sonríen conmovidos los padres y los maestros agradeciendo al cielo que la torre de marfil haya abierto sus puertas ese domingo.

Una visión quizá más realista es la que insiste en que los científicos están dedicados a hacer ciencia y que son los divulgadores quienes deben dar el paso siguiente: llevar el conocimiento a las grandes masas (aquí se pierde el realismo), ávidas de conocer los misterios de la naturaleza. Esta visión tiene la ventaja de asignarles a los divulgadores un lugar en el espacio; sin embargo, le asigna al público un carácter idealizado y amorfo que impide plantear seriamente un acto o un producto de divulgación.

"Tienen que saberlo". ¿No sería mejor "deseo compartirlo"? A pesar del negro panorama que el crítico Morris Shamos pinta para la divulgación de la ciencia (pues el principio que rige es el de la utilidad y parece ser que, en la vida cotidiana, tener información científica no sirve de mucho), algunos divulgadores han elegido serlo basándose, más que en principios morales, en imperativos estéticos. Para ellos, el disfrute de la ciencia debería ser compartido con otros, los más posibles, sin importarles si de ese placer surgen vocaciones científicas, políticos enterados y responsables o amas de casa que dominen el horno de microondas.

Como en todos los asuntos humanos, la verdad tiene múltiples caras. Los divulgadores activos que, tarde o temprano, se cuestionan cuál es la finalidad de su labor, pueden dar con innumerables respuestas, que además tienen la posibilidad de coexistir. La crisis existencial del divulgador proviene, en gran parte, de la indefinición de su quehacer y de sus motivos.

Pero esta indefinición pierde algo de su gravedad si se conoce el proceso evolutivo de la divulgación, sobre el que hablaremos a continuación.

Evolución y diversidad de la divulgación

Ya abordamos antes el problema de la indefinición del quehacer y de los motivos del divulgador. Sucede que queremos definir con precisión un concepto que ha variado en el tiempo, que es diverso en sus manifestaciones y multidisciplinario por naturaleza. Que no se aprende de manera convencional, que no tiene un método propio, que tiene mucha cercanía con el arte, y que es una labor cuyos resultados no podemos conocer con certeza. Una labor que se ejerce, por si fuera poco y ya situándonos en nuestro entorno, en los países latinoamericanos donde, según Marcelino Cereijido, ni siquiera tenemos ciencia.

Hay una diversidad de divulgaciones porque hay una infinidad de motivos para hacerla y, por tanto, de formas de realizarla: como subversión, como tarea democrática, como labor cultural, con fines de propaganda, como arte. Para apoyar a la ciencia, promover vocaciones; como educación no formal para rellenar lagunas escolares, para brindar información necesaria, lograr una vida mejor, influir en las decisiones políticas; por el deseo de compartir, como labor crítica.

La imposibilidad de definir la divulgación se debe también a que no es propiamente una disciplina. Muchos aprendices y practicantes de la divulgación se enfrentan a la inseguridad que causa la ausencia de una definición, cosa que no ocurre en general con las ramas de la ciencia y de las humanidades. Definir termodinámica o sociología, en cuanto a sus objetos de estudio, no presenta problemas. En la vida académica esta claridad se plasma en métodos, en materias o carreras y grados, en profesiones y en vehículos especializados para comunicar resultados, en un conjunto de textos reconocidos por toda una comunidad. La divulgación de la ciencia carece de todas esas convenciones y conveniencias, pues al no ser una disciplina (en el sentido de asignatura), no posee un objeto de estudio, ni un método, ni un corpus textual; se trata de una multi o interdisciplina. Aunque yo he propuesto una definición operativa, no hay un consenso sobre la definición de divulgación; es un continuo que va desde una fuerte relación con la enseñanza hasta un arte semejante a la literatura.

De manera resumida: la divulgación es una recreación del conocimiento científico para hacerlo accesible al público. Las palabras clave son recreación, ciencia y comunicación; de éstas se pueden inferir tanto los ejes rectores de la labor como el complejo de disciplinas que intervienen en la divulgación.

La diversidad, por un lado, y la eventual especiación (¿habrá algún día, para darle por su lado a la Academia, un "doctorado en divulgación con énfasis en medios audiovisuales especializado en temas bioquímicos"?) están ligadas a su vez al origen y a la evolución de este quehacer. En última instancia, la causa de la crisis existencial del divulgador es el desconocimiento de un proceso evolutivo, de un desarrollo histórico de la divulgación. En otras palabras, las tribulaciones surgen de la confusión sobre la escala de tiempo que rige a la cultura humana.

Para evidenciar el problema que supone entender la escala de tiempo de la divulgación, recurriré a un símil: la liberación femenina. La historia de la humanidad tiene millones de años: la civilización, miles. Las primeras sufragistas aparecen casi con el siglo XX y es hasta la década de los sesenta cuando arranca la revolución feminista. Entre los extremos de las quemas de ropa interior y el advenimiento de la píldora anticonceptiva, y la consolidación del feminismo académico, algunas mujeres (y también hombres, por fortuna) luchan incesantemente, pero pretenden con una visión idealista pero poco práctica cambiar en unos cuantos años una historia de sujeción y discriminación que se remonta a la prehistoria. Como esto no sucede así, cunde el desánimo, lo que aprovechan de inmediato los grupos reaccionarios anunciando que el movimiento está acabado y que, además, fue contraproducente para las propias mujeres.

Una de tantas batallas por venir se toma como la definitiva. A quienes creen que el feminismo es un concepto anacrónico es necesario aclararle que lo que se perdió no fue la guerra, sino la perspectiva del tiempo histórico.

Algo semejante ocurre con la divulgación, y la semejanza se destaca más cuando utilizamos el término "subversivo", pues la divulgación de la ciencia se inicia (y sigue siéndolo, en cierto sentido) como una subversión contra el conocimiento acumulado como poder. La ciencia moderna surge apenas en el siglo XVII y cobra su carácter institucional hasta bien entrado el siglo XIX. La influencia de la ciencia en la vida humana, ahora innegable, no fue evidente sino hasta ese siglo. La labor de divulgación cuyo estilo hemos adoptado no tiene más de 60 años y, sin embargo, pretendemos una definición diáfana y concisa y unos resultados inmediatos. No sólo eso; pretendemos del público un cambio rápido, universal y sin retroceso, en su manera de pensar. Como no vemos ese cambio nos declaramos, si no derrotados, al menos en crisis: ¿sirve de algo lo que hacemos? ¿para qué lo hacemos? ¿qué es lo que hacemos?

Para aliviar en algo nuestra crisis tendríamos que ver y ejercer la divulgación con perspectiva histórica; dicho de otro modo, aceptar la diversidad y la evolución. Al reconocer los obstáculos, los divulgadores sabemos que tenemos que dar muchas batallas, y la más difícil es la interna: convencernos de que la vida (la verdadera vida del ser interior) se enriquece con el placer intelectual de la ciencia.

Para no dejar hilos sueltos: la dentista de mi historia anterior decidió que su vocación original era la administración, y a ella se dedicó. Y las feministas sabemos que, si algo ha apoyado nuestra causa, es el pensamiento científico. Una razón más para seguir divulgándolo.

Todos los divulgadores somos iguales

Todos los divulgadores somos iguales, pero hay unos más iguales que otros. Me ha de perdonar el amable lector si comienzo por una de las frases más explotadas de la historia mundial de los epígrafes, pero su sintética ironía la hace perfecta para esta pequeña reflexión sobre el sentido de la divulgación de la ciencia.

Así como Orwell en *La rebelión en la granja* puso el dedo en la llaga del falso igualitarismo criticando el sistema socialista, a todos nos disgusta saber que el discurso igualitario (ya sea que venga de lo religioso, lo político o lo gremial) puede ser sólo un fingimiento que aplaca conciencias y que gracias a su disfraz de bondad permite que el *status quo* continúe. Sin embargo, cuando una voz señala alguna desigualdad, por ejemplo de género, de inteligencia o de desempeño, es atacada sin piedad, porque todos somos iguales. ¿No es así?

En nuestro idioma, aunque sean sinónimos, *diferencia* no es lo mismo que *desigualdad*.

Reconocemos como diferencia la circunstancia de ser una cosa distinta de otra. Una desigualdad apunta a la parte de una cosa que es distinta de lo que la rodea, pero también denota injusticia, falta de equidad; y la equidad es la cualidad de un trato en que una de las partes sale injustamente mejorada en perjuicio de otra.

En los años sesenta mi padre viajó a la Unión Soviética. Tenía la oportunidad de vivir de cerca el maravilloso sistema donde no había diferencias y por tanto no había desigualdades; un paraíso, además, donde la cultura artística no era para una élite, sino para el pueblo. A su regreso nos contó la anécdota del famoso director de orquesta soviético que, al enterarse de que su sueldo era semejante al de la afanadora del teatro, tomó la escoba y le pidió que ella dirigiese esa noche la orquesta, ya que se sentía poco inspirado; con tanta igualdad, los trabajos debían ser intercambiables. Un magnífico ejemplo de la confusión entre diferencia y desigualdad.

Un ejemplo semejante pero más actual es el del feminismo. Cuando las feministas decimos que somos iguales a los hombres, estamos mintiendo (y agrediéndonos). Lo que queremos decir es que aunque seamos diferentes, eso no implica un trato desigual en el sentido de injusto. La corrección política, hija directa del neoliberalismo (y aparentemente sin nada que ver con el socialismo), nos ha creado confusión. Aceptar que los seres humanos somos distintos aunque igualmente respetables y valiosos no es una petición novedosa. Es el sentido común de la decencia humana.

Nuestro gremio, el de los divulgadores, ha hecho de la igualdad uno de sus más caros estandartes. Son iguales quien escribe un artículo y quien lo edita; el que escribe un guión y el que lo filma; el que idea una exposición y los que la montan. Todos somos divulgadores. Pero hemos confundido los matices.

Hace algunos años, en la ya famosa obra de John Brockman *La tercera cultura*, apareció una entrevista a Richard Dawkins, uno de los divulgadores más famosos de nuestro tiempo. Un párrafo notable, donde hace referencia a otro gigante de la divulgación, es el que traduzco en seguida:

[Stephen Jay] Gould y yo no somos simplemente divulgadores. Nuestras ideas de hecho influyen y cambian la vida de la gente –cambian la forma de pensar de otros científicos, los hacen pensar de modo diferente, constructivo. Hay una tendencia a minimizar la divulgación. Yo no quisiera usar la palabra "divulgador" para ninguno de los dos. Es difícil trazar límites entre lo creativo y lo divulgativo. Me gusta considerarme una fuerza creativa en este campo. Esto difiere de informar –escribir un libro que explique la ortodoxia existente de modo que la gente la pueda comprender. Eso no es lo que hacemos. Nosotros hacemos algo creativo: cambiamos la mentalidad de la gente.

Tras una primera lectura, la indignación recorre nuestras arterias. Lo que dice Dawkins se aproxima a uno de los peores pecados: la inmodestia. "¿Cambiar la vida y la mentalidad de la gente? Ni que fuera Darwin", pensamos. En un mundo donde la gran mayoría de las personas desconocen los mínimos rudimentos de ciencia, parece hasta cruel rebajar la tarea de informar y explicar. La falta de modestia y la insensibilidad social nos resultan tan agresivas, que nuestra mente de inmediato busca en sus recovecos la forma de demeritar la obra que otrora consideramos que... cambió nuestra mentalidad y nuestra vida. La obra cumbre de Dawkins, *El gen egoísta*, es tanto o más citada que cualquier obra científica que trate del mismo tema, y es una fuente inagotable de inspiración en ámbitos no sólo científicos.

Nos debatimos entre el rechazo a la presunción y el reconocimiento a la verdad de lo que dice Dawkins: hay divulgadores que informan y hay divulgadores que inspiran.

Para Dawkins, informar no es una actividad creativa. Eso significa que informarle a la gente que la corteza terrestre está partida en pedazos que se llaman placas tectónicas, o que gorilas y humanos descendemos de un ancestro común, o que los electrones son indivisibles, o en el caso de menor inventiva, que las arañas tienen 8 patas, es una actividad exenta de imaginación, nada original. Nos limitamos a repetir, claro que en palabras llanas, lo que otros descubren.

El divulgador no sólo debe parecer modesto, sino que debe serlo. Ha de saber que es tan sólo un intermediario entre los científicos y el pueblo. No crea conocimiento nuevo, por un lado, y por otro, sirve a los ciudadanos en sus preocupaciones, intereses y anhelos democráticos. Si bien algunos reconocen en la divulgación una voz libre en el sentido de crítica y original, no hace falta repetir que nuestra materia prima es la ciencia, y que ella (y al público, por supuesto) debemos nuestra razón de ser. Pretender que hacemos algo tanto o más valioso que los científicos es de una soberbia detestable. Claro que esto último lo dicen los científicos y algunos políticos que no entienden qué es la divulgación. (Y no hay que olvidar que Dawkins es un científico, lo que le da una ventaja doble: un claro ejemplo de inequidad.)

Así pues, ¿puede sostenerse que Dawkins es divulgador, igual que todos nosotros, pero más "igual" que el resto?

Es necesario aceptar que hay divulgadores que escriben, otros que filman y otros más que apoyan el trabajo museístico o editorial, y que todos son importantes, como lo son los científicos que crean conocimiento. No por ello hay que olvidar que, en distintas escalas, hay unos divulgadores que informan y explican y otros que llegan a cambiar nuestra manera de pensar. Quisiera añadir que, aunque modestamente, aspiro a cambiarla un poco, porque espero que mi aporte, sea un artículo o una mampara bien colocada, le significará algo a mi público.

Extrapolando la anécdota podríamos decir que los montadores de exposiciones, los escritores de guiones y los conferencistas para públicos infantiles no suelen ser intercambiables. Somos iguales, si, en el sentido humanista de la palabra, pero hacemos trabajos diferentes y requerimos dotes y conocimientos diferentes. Éste es un reconocimiento a la igualdad dentro de la inevitable diferencia en el variado mundo de la divulgación.

Y para terminar estas reflexiones, propongo medio en serio medio en broma una "receta infalible".

La evaluación de los divulgadores

La palabra *evaluación* se puso de moda hace tiempo en diversos círculos, un poco por necesidad y otro por imitación. Les puedo asegurar, sin embargo, que el gremio que más discute sobre el tema de la evaluación es el de los divulgadores. Después de vivir durante años en ese limbo donde la retroalimentación no existía, donde jamás se hablaba de "productos" y mucho menos de estímulos, una ola gigantesca con ecos academiosos y globalizatorios llegó a nuestras intocadas playas de blancas arenas.

Hay muchas maneras de evaluar un trabajo y, por simple lógica, lo que se suele evaluar son los resultados. La comunidad científica, por ejemplo, tiene muy claro que esos resultados son *papers* publicados en revistas internacionales de reconocido prestigio. Puede haber quienes disientan de que este es el mejor criterio, que se presta a vicios y que presenta un montón de problemas, pero es claro como el agua: ¿cuántos *papers* y en qué revistas publicó el Dr. Zutano el año pasado? Tan fácil como saber sumar. La calidad ya fue juzgada por los árbitros y la trascendencia se contabilizará por el número de citas. Pero si nadie leyó esos artículos una vez publicados es una cuestión que pasa a segundo término.

Ya se vislumbran entonces los aprietos en los que nos coloca a los divulgadores la evaluación del trabajo. Porque aquí también se supone que se han de valorar nuestros productos: videos, artículos, libros, exposiciones, conferencias... que sólo tienen sentido cuando le llegan a un receptor, puesto que el acto de divulgación es eminentemente comunicativo. **¿Cómo saber si hay calidad, eficacia, trascendencia?**

Somos una comunidad pequeña, pero muy ocurrente. Algunas propuestas públicas han sido contar el número de asistentes a una conferencia sobre cuasicristales y ver cuántos la abandonan antes de que termine; de los que se quedan, cuántos se duermen; de los que se duermen, cuántos roncan. O bien, hacer un pequeño examen disfrazado de encuesta a los grupos escolares que acuden a ver una exposición para saber si entendieron la mitocondria; darles seguimiento a los que "reprobaron la encuesta", cuántos regresan por más información y cuánto tiempo se detuvieron en la siguiente mampara interactiva. También, hacer concursos con participación obligatoria sobre la lectura de libros o revistas de divulgación. Los resultados pueden ser hasta graciosos: ninguno optó por salirse (la conferencista usaba minifalda), nadie se detuvo en la mampara interactiva (no servía el foquito) o todos participaron en el concurso (para tener derecho al examen final de química) leyendo el libro de menos páginas, o el más barato. **¿Cómo evaluar actos tan íntimamente relacionados con la respuesta del público, respuesta contaminada por innumerables factores personales, grupales, de tiempo y circunstancia?**

Propongo otra interrogación pertinente: ¿evaluar con qué finalidad? Ésta sólo se puede responder de dos maneras: ¿quiénes son los evaluadores? y ¿cuál fue el objetivo del acto de divulgación?

Podemos decir hasta el cansancio que el público es nuestro evaluador último. Sin embargo, cuando los divulgadores, como es el caso de la mayoría, dependen de una institución académica, los criterios de evaluación forzosamente se ajustarán a los criterios vigentes. Por ejemplo, en la UNAM, la evaluación proviene del Consejo Técnico de la Investigación Científica y su función es incorporar a la gente a plazas académicas, repartir estímulos y tener criterios para promociones y definitividades. Veamos.

Una vez eliminada la publicación de *papers* (pues no tenemos revistas de ese estilo), nos quedan tres puntos: la escolaridad, la producción y la formación de personal. No hay carrera de divulgación en ningún lado y pocos posgrados internacionales; ¿cómo documentar una producción que no sólo es escrita, y cómo juzgar su calidad?; ¿dónde se puede ejercer la enseñanza de la divulgación y cuántas tesis es posible dirigir?; ¿cómo considerar a los técnicos y a los promotores?

Si nos ponemos estrictos, ni Richard Dawkins ni Stephen Jay Gould ni Carl Sagan merecen nuestra aprobación porque ni estudiaron divulgación, ni han dirigido tesis de divulgación y, para colmos, mucha gente (por ejemplo, los creacionistas, los seudocientíficos, los que detestan el beisbol o los que no distinguen lo que es una metáfora) duda de su calidad. Lo único que puede decirse en su favor es que sus libros se venden por montones y que tienen fama mundial: son autores *best seller*. Y este es verdaderamente un criterio objetivo y numérico, que ni la más estricta academia rechazaría.

Propongo, pues, que el único criterio para evaluar a los divulgadores sea la cantidad de libros que logren vender. De modo que, en primer lugar, todos debemos dejar de dar conferencias, producir programas y realizar exposiciones: es preciso escribir libros de divulgación y venderlos como pan caliente. Pero, ¿hay alguna receta para lograrlo? Claro que sí.

Tómese una idea sencilla y que aparentemente esté agotada a los ojos de la investigación convencional. Reflexiónese sobre ella y encuéntresele una faceta original. Bórdese con hilos de historia, arte, humor y polémica. Trátese de que parezca literatura, aunque no lo sea. Lógrese que muchísima gente compre el libro y que muchos lo lean. Pero sobre todo, que algunos incorporen esa idea recreada a su cultura, no importa que sean científicos o no. Y más importante, que cambie su estructura de pensamiento. ¡Voilá! Así de fácil.

Nótese que he dejado fuera del juego a todos aquellos colegas que no escriben ni escribirán libros. Pero no creo que deban preocuparse demasiado, pues tienen a la vista el Óscar, los Emmys y Grammys, y otros premios de igual distinción.

Experiencias sobre la elaboración de artículos de divulgación científica

El trabajo en solitario

A mediados del año que está por terminar, me encontré en una revista de divulgación con un interesante encabezado: "Se demuestra la interferencia de un solo fotón". Esta breve pero compleja afirmación me hizo reflexionar.

Con el párrafo anterior di comienzo a un artículo de divulgación titulado "La interferencia de los fotones", que apareció publicado en la revista *Ciencia y Desarrollo* (Sánchez, 1990; se anexa facsímil en el apéndice). Detrás de ese artículo están meses de reflexiones, dudas, consultas y ensayos. Lo que yo quiero en este espacio es mostrar un ejemplo de mis procedimientos de trabajo en el campo de la divulgación escrita. Para esta labor, dado su carácter creativo, no pueden existir recetas; sin embargo, hace falta un sistema de comunicación de experiencias que facilite el camino a quienes deseen incursionar en este campo. Este artículo es el primero de una serie de 3 en la que se analizan varios artículos de divulgación y los diversos métodos utilizados para elaborados. Esta serie pretende dar una panorámica de lo que, según mi experiencia, puede ser un conjunto ordenado de consejos para escribir artículos de divulgación científica.

Por supuesto, a ningún investigador principiante se le entrega un tratado sobre cómo investigar. Aprenderá de sus propios errores y sobre todo de la guía y observación de sus colegas con más experiencia. Es necesario, en el campo de la divulgación, crear una tradición semejante que permita guiar a otros y confrontar los resultados de nuevas experiencias.

El análisis que me propongo hacer podría representar para el lector una situación parecida a aquella donde el autor de una novela policíaca narra los entretelones de su trabajo, y me atrevería a decir que también sería equivalente a que un investigador describiese cómo llegó a obtener un resultado dentro de su especialidad.

He tomado como ejemplo el artículo de *Ciencia y Desarrollo* porque lo conozco a fondo; no quiero dejar la impresión de que lo hago porque considere que es la única manera de hacer divulgación o que es un patrón a seguir y menos aún porque pretenda que sea un buen artículo. Espero que de este análisis sea posible obtener algunas conclusiones útiles para el divulgador.

Selección del tema y recopilación de información

Uno de los deberes del divulgador es estar enterado de lo que pasa en el mundo de la ciencia. Una manera de hacerlo consiste en examinar sistemáticamente revistas de información multidisciplinaria dirigidas a un público compuesto principalmente por los propios científicos (*Science, Nature, Physics Today* o *American Journal of Physics*). Otra manera es asistir a los coloquios, conferencias y mesas redondas que ofrece la comunidad científica. El divulgador tendrá de diversas fuentes -en particular de sus amigos investigadores- acceso a una variedad de temas para generar artículos. Cuando se tiene un panorama, compartido con otros miembros de la comunidad científica, más o menos completo de un área del conocimiento, es posible hacer la selección de un tema, selección que dependerá en gran medida de la convicción del divulgador de que este tema reviste importancia como parte de la cultura general contemporánea. Dependerá también de la inclinación personal del divulgador, de las necesidades de los lectores potenciales, de la riqueza del tema o, si se trata de un tema muy particular, de la posibilidad de situarlo en un contexto más amplio.

La selección de la interferencia de los fotones como tema para un artículo de divulgación partió de la lectura de una noticia comentada (la revista que yo hojeaba en ese entonces era un ejemplar de *Science*; Robinson, 1986), en la que reencontré un asunto que me interesaba y que tiempo atrás había abandonado. Mi selección respondió asimismo a la certeza de que es importante conocer los fenómenos luminosos desde el punto de vista moderno. Influyó también la intuición de que, para la mayoría de la gente, la naturaleza de la luz quedó sintetizada en la frase "la luz puede considerarse como compuesta ya sea de fotones en el intervalo de energía de 2.5 a 5.2 X 10^{-19} j, o equivalentemente, por ondas electromagnéticas en el intervalo de longitudes de onda de 800 a 380 nanómetros". Dicho de otra manera, el conocimiento generalizado considera excluyentes los conceptos *onda* y *partícula*. Si nos adentramos más en la descripción de la luz, el apartado "Naturaleza de la luz" de la *Enciclopedia de la física (1981)* nos dice que "el comportamiento de la luz está descrito adecuadamente por la teoría de la electrodinámica cuántica. Esta teoría utiliza las ecuaciones de Maxwell para determinar el patrón de los campos en una onda electromagnética e interpreta el cuadrado de estos campos como una función de densidad de probabilidad para los fotones que componen la radiación luminosa". Sin embargo, en la página siguiente, el apartado "Difracción e interferencia" empieza así: "Cuando dos o más ondas luminosas están presentes en el mismo lugar y al mismo tiempo, sus campos se suman algebráicamente y de manera lineal, según el principio de superposición. Esto implica la posibilidad de que se formen franjas de interferencia que son una confirmación observable de las propiedades ondulatorias de la luz".

Para tratar el tema de la interferencia es más cómodo trabajar con el aspecto ondulatorio y así lo hacen casi todos los libros de texto. Los lectores se quedan con la idea de que si bien la naturaleza de la luz es dual, cuando ocurre interferencia, la luz *es* una onda. ¿Tendría sentido modificar esta manera de pensar? ¿Es posible trabajar a la inversa y partir de la idea de fotones individuales para después formar un haz de luz? Si así fuese, esto permitiría la comprensión de fenómenos con manifestaciones cotidianas cuyo trasfondo se encuentra en el corazón de la física cuántica, fuera del ámbito de nuestros sentidos. No se pretende que el lector "piense cuánticamente", sino que adquiera una noción de que lo que ve puede no tener una explicación a través de los sentidos.

Fue precisamente la consideración del fotón individual como algo concreto, junto con la posibilidad de hablar de "óptica de un solo fotón", lo que llamó mi atención en la noticia de la revista *Science*. El hecho de no haber comprendido muchos de los conceptos que ahí se manejaban me dio una idea de que en ese campo se había progresado considerablemente.

A pesar de que la noticia de *Science* estaba muy bien elaborada y bastante detallada, supuse que el artículo original (Grangier y col, 1986), podría remitirme a los antecedentes que hacían falta para comprender plenamente la noticia. Sin embargo, se trataba de una publicación sumamente especializada, y me pareció más adecuado abordar el tema desde una perspectiva más general. El artículo *Interference between Independent Photons* de H Paul (1986), en el que finalmente me basé, es una excelente revisión actualizada sobre el tema (Recuerde el lector que el artículo al que nos referimos fue publicado en 1990). La complejidad de los conceptos físicos allí vertidos me obligó a repasar mis conocimientos sobre óptica, electromagnetismo y mecánica clásica; debo aclarar que no me limité al material del artículo, ya que en varias ocasiones tuve que remontarme a conceptos que éste daba por sabidos. Jenkins y White (1957), Born y Wolf (1975), Hecht y Zajac (1974), Klein (1970), Dirac (1958), Milonni y Knight (1973) y Jönsson (1974) son algunos de los textos que pasaron por mis manos.

Una amiga cuya profesión es la literatura me hizo en una ocasión un comentario muy interesante: "**En el proceso de escritura una de las cosas más difíciles es decidir qué queda fuera**". Yo añadiría que en el caso de la divulgación no hay nada más difícil que decidir qué eliminar sin menoscabo de la comprensión del tema y por otro lado, qué material conservar, a riesgo de atosigar al lector.

En última instancia, la toma de decisiones permitirá también dar con la estructura adecuada para el artículo, entendida ésta como el guión no explícito que cualquier texto debe tener detrás para que exista la coherencia que permita el logro del objetivo, asunto que trataré en el apartado siguiente.

El artículo de Paul (1986) comienza con una referencia histórica al trabajo de Dirac (1927) y pasa a la descripción clásica de la interferencia (basada en la superposición de dos campos electromagnéticos) para definir la función de correlación de intensidad (es claro que este y otros párrafos están repletos de términos técnicos: interferencia, coherencia, correlación de intensidad... Todos pueden definirse, pero esto no es el objeto del presente artículo. En el artículo de divulgación, por otro lado, no se dan definiciones formales; se trata de comunicar una idea global respecto a la naturaleza cuántica de la luz). El resultado más importante de este análisis es que los efectos de la interferencia se manifiestan en las correlaciones de intensidad, aún en circunstancias que impiden la observación de patrones de interferencia por métodos convencionales.

El primer experimento que confirmó la interferencia entre fotones independientes fue el de Magyar y Mandel (1963). Para exponerlo con detalle es necesario analizar la interferencia entre haces láser independientes, así como los dispositivos experimentales que permiten detectar este fenómeno con la técnica de cuenta de coincidencias. El estudio de la interferencia de haces atenuados, por un lado, y la de fotones emitidos espontáneamente (tema del artículo de *Science*), por otro, ya requiere de la intervención de efectos típicamente cuánticos asociados con la naturaleza corpuscular de la luz. Estos efectos están directamente ligados a los experimentos de cuenta de coincidencias.

De todo lo anterior, el conocimiento esencial que debe transmitirse en un artículo de divulgación sobre la luz es el siguiente: cuando el término *interferencia* no se toma solamente como sinónimo de la presencia de un patrón de interferencia observable, sino que se utiliza más generalmente para denotar cualquier efecto indicativo de la superposición de campos ópticos, la famosa afirmación de Dirac "nunca ocurre interferencia entre dos fotones diferentes", resulta falsa. Por otra parte, en vista de la semejanza entre los campos de radiación coherente y las ondas electromagnéticas clásicas, que poseen amplitudes y fases definidas, no es de extrañarse que en el caso de fuentes láser, la interferencia tenga lugar aún en el sentido usual de que puede observarse un patrón de interferencia. Es importante hacer notar que la equivalencia completa entre las descripciones clásica y cuántica en el caso de campos coherentes reside en el hecho de que el número de fotones en dichos campos es incierto y en principio, sin límite superior. De igual interés es el resultado, tanto teórico como experimental, de que esta interferencia persiste, sin pérdida de visibilidad, cuando los haces láser se atenúan de modo que sólo unos cuantos fotones están interfiriendo entre sí. De acuerdo con la teoría, esto debería ser válido aunque sólo hubiese un fotón presente. Este resultado, extraño al sentido común y relacionado con la imposibilidad de asignar dicho fotón a un haz determinado, proporciona un ejemplo de los obstáculos que existen para la comprensión intuitiva de las predicciones mecanicocuánticas.

Los párrafos anteriores -por oscuros que parezcan- constituyen, en mi opinión, el contenido que debería tratar un artículo sobre los fotones. Es evidente la imposibilidad de transmitir al lector ya no digamos la teoría en toda su riqueza, sino siquiera un resumen completo. **¿Qué elementos son los indispensables? ¿De cuáles se puede prescindir? Aún más, ¿qué conceptos expresados matemáticamente requieren de una redefinición para ser transmitidos? Éstas son decisiones que atañen al divulgador.**

Es necesario entonces analizar el grado de dificultad que este tema encierra para encontrar la forma de tratarlo en el nivel de divulgación; en particular, los conceptos de superposición de campos ópticos, coherencia y atenuación de láseres, así como ideas elaboradas como "la famosa frase de Dirac", "la equivalencia clásica-cuántica", y "un número incierto de fotones", conocidos para el especialista, requieren especial atención pues de no definirse, harían muy difícil alcanzar el objetivo del artículo cuyo proceso de elaboración estoy describiendo: la comprensión de la naturaleza cuántica de la luz.

Complejidad, estructura y forma

La consideración de las cuestiones anteriores me permitió llegar a la siguiente lista de puntos indispensables para mi artículo sobre la luz:

1) Los fotones, de los que está compuesta la luz, como puede ser la de nuestro entorno cotidiano, son algo concreto.
2) Propiedades de los fotones y descripción cuántica. La individualidad de los fotones.
3) Mención del conocimiento "popular": ondas contra partículas; descripción clásica.
4) Descripción de la interferencia en términos de fotones.
5) El experimento de Young. Patrón de interferencia.
6) Experimento de Taylor. Noción de que el fotón interfiere consigo mismo.
7) Experimento de Orsay. Noción de coincidencia.
8) La interferencia según Dirac. Noción de fotones independientes.
9) La luz láser y el experimento de Magyar y Mandel. La interferencia entre fotones independientes.
10) Las descripciones clásica y cuántica de la luz y sus respectivos alcances.

La selección misma de los puntos anteriores me dio la pauta para definir el nivel de complejidad del artículo, que está dirigido a un lector con conocimientos elementales de óptica, como sería el caso de un estudiante de último año de preparatoria o primero de carrera en el área de ciencias.

Por otro lado, en este caso decidí no tocar detalles experimentales salvo los estrictamente necesarios; hacerla añadiría una complicación que no habría ayudado a aclarar el tema y que desviaría la atención del lector (desde luego, existen temas en donde es imprescindible describir en detalle el aspecto experimental). Decidí también, por limitaciones de espacio, no mencionar otros aspectos interesantes como son la extensión del concepto de fotón, la electrodinámica cuántica como una teoría que puede explicar la interacción de los fotones con la materia en los niveles nuclear y subnuclear, y el concepto de fotón virtual.

Como ya mencioné, una vez que se tienen determinados los puntos importantes y el grado de complejidad con que se van a tratar, puede procederse a dar al material una estructura y una forma narrativa. En el ejemplo que nos ocupa, y dado que yo había empezado mi búsqueda como la habría hecho cualquier lector interesado en el tema, decidí utilizar una forma narrativa muy personal; es decir, contar paso a paso lo que había ocurrido en la realidad. Esto me permitiría ir de la mano con el lector mostrándole de la manera más llana posible el procedimiento. Conservé el orden de los puntos (1) a (10), ya que me pareció la secuencia más natural.

A fin de dar un contexto histórico al tema, seleccioné el efecto fotoeléctrico para una primera mención de los fotones. Intercalé en el texto, según se iba requiriendo, la secuencia de experimentos desde Taylor a Orsay. Esto me permitió situar temporalmente los descubrimientos, pero sin narrar propiamente la historia.

Finalmente, mencionaré tres detalles de afinación:

a) **el título dice mucho y debe ser atractivo para el lector. En este caso, como lo usual es encontrar la frase "interferencia de la luz", cambié la palabra "luz" por "fotones", para avisar que el artículo tiene que ver con la naturaleza dual de la luz;**
b) **los apartados son de corta extensión (de 1 a 2.5 cuartillas) y tienen subtítulos que juegan con palabras clave del texto;**
c) **un poco de sentido del humor nunca hace daño: aligera la lectura y recuerda al lector que la ciencia, aunque seria, no tiene por qué ser severa.**

En la selección del tema de un artículo de divulgación intervienen varios factores: los intereses personales del que escribe; las necesidades de los lectores; la generalidad del tema; pero sobre todo, la convicción del divulgador de que el tema que va a tratar es parte importante de la cultura actual.

Una vez elegido el tema se inicia un proceso para ampliar y profundizar la información, ya sea acudiendo a las fuentes originales o bien seleccionando otras fuentes.

Es conveniente que el siguiente paso sea ponerse del lado del lector (que a veces es uno mismo) y hacerse las preguntas que el lector se haría. Esto lleva a una etapa de estudio y de consulta y a la recopilación de más información.

Lo anterior permite ya definir el objetivo del artículo: para quién se escribe y con qué fin. Al objetivo se subordinan la complejidad con que se va a tratar el tema, la estructura del artículo y, en última instancia, la forma narrativa.

El proceso más complejo es decidir qué información es indispensable y cuál queda fuera. Esto permite producir un artículo coherente, ordenado y comprensible. Pero el divulgador no debería, en general, limitarse a esta clase de producción. La parte original del trabajo consiste en la aportación personal para idear, a un nivel más elaborado, una estructura que permita recrear el conocimiento científico.

La selección de la forma narrativa es un proceso intuitivo. Si bien depende del tema y del objetivo, la decisión respecto al tratamiento es función de la creatividad individual.

Quisiera marcar, por último, las similitudes y las diferencias entre la labor del investigador científico y la del divulgador:

i)   ambos deben tener sus conocimientos al día; el primero, en su especialidad, el segundo, en cultura general.
ii) ambos eligen un tema de trabajo y profundizan en él.
iii) ambos cuestionan; el primero, para resolver un problema concreto; el segundo, para sintetizar y redondear un tema.
iv) el investigador conoce en principio las reglas para comunicar el resultado de su trabajo; su misión es hallar un conocimiento nuevo. El divulgador sabe cuál es el nuevo conocimiento; su misión es recrearlo.

Born, M, Y E Wolf, *Principles of Optics* (Pergamon, Oxford, 1975).

Sánchez Mora, AM, *Ciencia y Desarrollo* (1990) 90.

Dirac, PAM, *Proc R Soc A, London* (1927) 114, 243.

Dirac, PAM, *The Principles of Quantum Mechanics* (Clarendon, Oxford, 1958).

Enciclopedia de la física. R Lerner (Ed) (Addison-Wesley, 1981).

Grangier, P, G Roger y A Aspect, *New Techniques and Ideas in Quantum Measurement Theory* (New York Academy of Sciences, Nueva York, 1986) pp 21-24.

Hecht, E, y A Zajac, *Optics* (Addison-Wesley, Reading, 1974).

Jenkins, FA, y HE White, *Fundamentals of Optics* (McGraw Hill, Nueva York, 1957).

Jönsson, C, D Brandt y S Hirschi, *Am Jour of Phys* (1974) 42, 4-11.

Klein, MW, *Optics* (Wiley, Nueva York, 1970).

Milonni, PW, y PL Knight, *Optics Comm* (1973) 9,119-122.

Paul, H, *Rev Mod Phys* (1986) 58, 209-231.

Robinson, AL, *Science* (1986) 231,671.

La colaboración divulgador-investigador

En busca de un ser mítico

Desde los tiempos más remotos la fantasía del hombre ha concebido seres sobrenaturales. El centauro, mitad hombre y mitad caballo; el minotauro, mitad hombre y mitad toro; la sirena, mitad mujer y mitad pez. Con una mezcla más compleja está la quimera, monstruo fabuloso que tenía cabeza de león, vientre de cabra y cola de dragón. Por ahora me interesa tratar sólo de ciertos seres míticos que en proporción uno a uno, como el centauro, son tan buenos para el arco como para el galope.

Un ser mítico de la actualidad es el que conjuga el arte de la buena escritura con la capacidad para el quehacer científico. Si bien estos mitos han existido, se pueden contar con los dedos de las manos. Estos seres son muy solicitados pero, dada su escasez, se suele utilizar un artilugio para satisfacer esta carencia: la colaboración divulgador-investigador.

Cabe aquí preguntarse por qué esas dotes, la capacidad para escribir y para investigar, no suelen darse conjuntamente. Hay quienes dicen, apoyándose en argumentos "neurológicos", que la una excluye a la otra. Otros alegan que quien se dedica a escribir roba un tiempo precioso a la investigación científica. También se escucha por ahí que así como el Creador hizo pobres y ricos, también hizo divulgadores e investigadores. En mi opinión, se trata tan sólo de un problema de formación. En este artículo quiero describir las ventajas y los problemas de la pareja divulgador-investigador mediante el análisis de un artículo de divulgación que escribí en colaboración con un investigador, "Sobre la superconductividad", publicado en la revista *Ciencia y Desarrollo* (Sánchez y Tagüeña, 1990; Se anexa facsímil en el apéndice). Quiero dejar claro que el procedimiento de trabajo que dio origen a ese artículo admite tantas variantes como temas, personas y propósitos existan. Esta reflexión es resultado de una experiencia personal que, sin embargo, puede ser de ayuda para el divulgador.

El tema que me interesó y su primer esbozo

En el artículo anterior de esta serie propuse que la selección de un tema para un artículo de divulgación depende de varios factores, uno de los cuales es la inclinación personal del divulgador. Aunque no quiero ser demasiado personal, debo mencionar que buena parte de mi formación como físico transcurrió en un grupo de investigación sobre superconductividad. Cuando ocurrió la "revolución" de los superconductores de alta temperatura de transición, tuve una buena excusa para escribir un artículo de divulgación sobre el tema sin tener que revelar que la razón primordial de mi elección era mi interés personal. El tema de la superconductividad apareció en todos los foros, se difundió por muchos medios (*Time*, 1987) y dio lugar a la idea generalizada de que los trenes levitadores estaban a la vuelta de la esquina. En un siguiente nivel de comprensión se notaba una confusión entre el fenómeno de la superconductividad, y el efecto Meissner por un lado y la corriente eléctrica sin pérdida por el otro. Estas eran razones muy aceptables para escribir mi artículo.

La superconductividad es tema de doble filo para el divulgador: se presta por un lado a metáforas sumamente pictóricas (Valladares, 1970; Heiras y col, 1973) donde participan carretas, bueyes, manzanas y redes; por el otro, es un tema en realidad sumamente difícil de divulgar porque se trata de un fenómeno cuántico con manifestaciones macroscópicas. Más aún, la cantidad de información que circulaba convertía en lugares comunes muchos de los ejemplos, analogías y posibles aplicaciones del fenómeno. ¿Cómo abordar la superconductividad?

Se me ocurrió que podría aprovechar la llamarada momentánea de interés para mostrar al lector que los modelos científicos, en este caso particular físicos, están sujetos a reconsideración cuando el hallazgo de un nuevo fenómeno hace que se cuestione su región de validez, cuando no su validez absoluta. (El "Universo de Ptolomeo-Universo de Copérnico-Universo de Kepler" debería dejarse de explotar como ejemplo de modelos que se transforman para adecuarse a una nueva realidad).

Mi planteamiento fue entonces el siguiente: el hombre ha soñado desde siempre con energía gratis e ilimitada. Ya que la termodinámica nos enseña que esto no es posible, por lo menos podemos tratar de evitar algunas de las causas de la disipación de energía: mecanismos eficientes que no sufran calentamiento excesivo, imanes muy potentes, aparatos de medición muy precisos. A continuación, podría narrar el descubrimiento del fenómeno de la superconductividad, en qué consiste y cuáles eran los problemas de su aplicación a escala cotidiana: las bajísimas temperaturas necesarias para que el fenómeno se presentara, y esto en unos cuantos materiales. Aquí podría dar a conocer las dificultades teóricas para entender la superconductividad, y la gran creación de Bardeen, Cooper y Schreiffer con su teoría que explica el fenómeno como dependiente de la cooperación entre los electrones del material, acoplados por las vibraciones de la red. Un fenómeno cuántico con manifestaciones macroscópicas tan asombrosas como la resistencia eléctrica nula y el efecto Meissner. Mencionar entonces los nuevos sueños: cojinetes y rotores sin fricción, un microscopio electrónico mejorado, detectores de alta precisión como el criotrón, generación y transmisión de electricidad sin pérdidas. A continuación, la fría realidad: temperaturas de transición no mayores, en 1970, a 23 grados absolutos. Y entonces la esperanza, desde 1987, de hacer realidad esos sueños con el descubrimiento de los superconductores cerámicos con temperaturas críticas de hasta 130 grados absolutos. Después, el reencuentro con la realidad: las características cerámicas de estos materiales que, hasta hoy, han impedido su aplicación a gran escala.

Para este primer planteamiento, supuse que el lector tenía conocimientos sobre el descubrimiento e historia del fenómeno y sus características elementales. El esquema que da cuenta de la estructura del artículo es el siguiente:

I. Hace no mucho tiempo

1. Aplicaciones de ciencia ficción sin futuro (descripción de posibles aplicaciones de los superconductores, como imanes, computadoras, motores, etc.)

2. Un problema práctico (se plantea el problema de utilizar superconductores que funcionan a la temperatura del He líquido)
3. Búsqueda infructuosa (la búsqueda de aleaciones y compuestos superconductores con mayores temperaturas críticas y las recetas para elevarla)
4. Lo que dijeron los expertos (cómo llegaron a dudar de la posibilidad de encontrar materiales superconductores con temperaturas críticas superiores a los 30 grados absolutos)

II. Apenas hace unos meses

1. El descubrimiento de Bednorz y Müller (el trabajo de muchos años del grupo suizo, los nuevos superconductores cerámicos. Se revive el interés)
2. La carrera en pos de la temperatura ambiente (otros grupos y otros descubrimientos. Cómo se preparan los superconductores cerámicos. La promesa de la temperatura ambiente)
3. ¿Un fenómeno diferente? (diferencias entre los nuevos superconductores y los otros. ¿Continúa válida la teoría BCS?)
4. Dos claves: oxígeno y magnetismo (posibles explicaciones del fenómeno. Nuevos estudios teóricos y experimentales)
5. Más preguntas que respuestas (un panorama prometedor tanto en ciencia como en tecnología).

Escribí el artículo hasta el punto 3 de la segunda parte. La bibliografía que utilicé, muy extensa (Müller y Bednorz, 1987; Robinson, 1987a, b y c; Anderson, 1987; Emery, 1987; Khurana, 1988; Guo y col, 1988; Geballe, 1971; Buchhold, 1960; Sampson y col, 1967), incluye viejas revistas que me permitieron "ambientarme".

Pero la bibliografía reciente me sobrepasaba. Era abundante y muy especializada, al grado de que casi parecía escrita telegráficamente, sólo para iniciados, con especie de "guiños" para los colegas.

El problema de saber poco y el de saber demasiado

Fue aquí donde tuve la gran duda. Hasta donde lo había desarrollado, el artículo podía ser una buena introducción a los superconductores. Pero sentí la necesidad de establecer un compromiso con el lector: situarlo en la orilla de los últimos trabajos, de las nuevas incógnitas; me pareció que hacía falta una especie de resumen, lo más actualizado posible. Empresa titánica, ya que la información crecía día con día.

Acudí entonces a un investigador experto en el tema, que vivía minuto a minuto (sin exagerar), los avances de esta gran empresa. Leyó lo ya escrito, le pareció correcto y ameno, se interesó en ello y en ayudar a completarlo. Realizó una labor espléndida: reunió todo el nuevo material especializado importante e hizo un compendio claro e ilustrativo porque iba planteando preguntas (las mismas que se hacían los científicos) y tratando, hasta donde era posible, de responderlas.

Una de las principales dificultades en la divulgación científica es que los investigadores no comprenden la labor del divulgador y temen que si no se incluye TODA la información con sus cifras, detalles y tecnicismos, se debilita el mensaje científico. También es necesario convencerlos de que el tratamiento ameno y desacartonado no hace que el tema pierda su seriedad. Por otro lado, el divulgador tiene la obligación de cuidar el fondo conceptual de sus aseveraciones y de no trivializar las ideas por el "bien del lector".

Sometimos el artículo a revisión (algo que siempre es necesario hacer) y aunque el contenido científico era correcto, los críticos mostraron, entre otras cosas, su desacuerdo porque no se utilizaban los términos especializados; porque no se daban definiciones formales; porque no se mantenía la "distancia adecuada" entre la ciencia y el público, y porque aunque no había errores conceptuales, algunas imprecisiones podían prestarse a malos entendidos.

Nos enfrentamos entonces, la pareja investigador y divulgador, a un dilema muy interesante: ¿ceder o no ceder? ¿hasta dónde ceder? Ésta resultó ser la cuestión.

Concesiones

En el artículo anterior de esta serie, mencioné que una de las grandes dificultades de la divulgación se presenta cuando es necesario tomar decisiones en el sentido de no atosigar al lector con un exceso de material. Por ejemplo, en el caso del artículo sobre los superconductores, dada la complejidad del concepto de *brecha superconductora*, decidí omitirlo. Es muy cierto que para el especialista la omisión de la brecha resulta en una descripción incompleta del fenómeno. Pero cuando la intención y el nivel de complejidad del artículo de divulgación no pretenden formar expertos, no se puede esperar que éste contenga toda la información. Claro, en muchos de los experimentos con superconductores cerámicos, la brecha es un asunto clave. ¿Hasta qué punto lo es para el neófito?

Decidimos ceder frente al aparato de la formalidad y dar al artículo de divulgación un nivel de complejidad mayor que el que tenía originalmente. En una segunda versión, las partes I.1 y I.2 que mencioné anteriormente desaparecieron para dejar paso a la descripción más formal del fenómeno y de sus características. Una tercera versión dejó en claro que la parte fundamental era la moderna, de 1987 a la fecha. En la revisión de los hallazgos recientes toman su lugar conceptos complicados e importantes para la descripción de esas novedades. El artículo final, que considero bueno, poco se parece a su primera versión. Estoy convencida de que no contiene errores conceptuales ni omisiones importantes, y no sólo eso, sino que el material allí vertido, en el momento de su aceptación en *Ciencia y Desarrollo,* era el más reciente. (Como anécdota quisiera relatar que, ya con el artículo listo para enviarse, el investigador de la pareja asistió a la XI Reunión de Invierno de Bajas Temperaturas, donde el tema fue "Superconductores de alta Tc". Los resultados de este encuentro forman parte del artículo).

¿Qué se puede concluir de esta colaboración?

Pros y contras de la colaboración

Mi primera conclusión se refiere a la convicción con que el divulgador debe enfrentar la crítica de los investigadores sobre su trabajo. Hago hincapié en que considero muy valiosa la revisión científica de los conceptos vertidos en un trabajo de divulgación. Sin embargo, así como el divulgador no debe pretender que un artículo especializado dé un panorama global de un tema, ni que explique con claridad los motivos y los logros de la investigación científica, el investigador tampoco debe pretender que un artículo dirigido a un público poco cercano a la ciencia presente toda clase de detalles.

La convicción a la que me refiero consiste en que el divulgador, aunque siempre abierto a la crítica científica, debe ser el primer defensor de sus ideas; que los caminos que sigue para transmitir la cultura científica no pueden ser los mismos que los que siguen los investigadores en sus búsquedas especializadas. Si el divulgador olvida su objetivo, su trabajo pierde fuerza.

Esto de ninguna manera significa que la colaboración divulgador-investigador sea imposible. Al contrario, en otros países ésta es la forma de trabajo usual. A pesar de las dificultades de interacción que pueda haber, cuando existe respeto e interés por los ámbitos y objetivos de la comunicación de ambos, que son diferentes e igualmente legítimos, el resultado puede ser lo más cercano al producto del ser mítico al que me he referido.

Por último añadiré, ya en el lado personal que fue un placer, como siempre, trabajar con Julia Tagüeña.

Anderson, PW, *Science* (1987) 235, 1196-1198.

Buchhold, TA, *Scientific American* (1960) marzo, 74-82

Emery, VJ, *Nature* (1987) 328, 756-757.

Geballe, Th, *Scientific American* (1971) noviembre, 22-33.

Guo, Y, y col, *Science* (1988) 239,896-897.

Heiras, J, R Mattuck y A Valladares, *Naturaleza* (1973) 4.

Khurana, A, *Physics Today* (1988) febrero, 19-23.

Müller, KA, y JG Bednorz, *Science* (1987) 235, 1133-1139.

Robinson, AL, *Science* (1987) 237, 1115-1117.

Robinson, AL, *Science* (1987) 235, 1137-1138.

Robinson, AL, *Science* (1987) 236,780.

Sampson, B, y col, *Scientific American* (1967) marzo, 11-123.

Sánchez, AM, y J Tagüeña, "Sobre la superconductividad", *Ciencia y Desarrollo* (1990) XVI 93, 27-32

Time, "Superconductivity Heats Up" (2 de marzo de 1987).

Valladares, A, *Física* (1970) 2.

Periodistas e investigadores

Este artículo es el tercero de una serie que intenta analizar desde distintos puntos de vista el trabajo de divulgación escrita. El primero de estos artículos se refirió a las decisiones que un divulgador, trabajando en solitario, tiene que tomar; el segundo, a las ventajas y desventajas de la colaboración divulgador-investigador.

En este trabajo se considera otro dueto, formado ahora por el periodista y el investigador. Este es un dúo que, hasta donde sé, ha sido muy desequilibrado. En el caso que me ocupa, parecería que el más importante es el investigador. Intento aquí demostrar que, salvo en casos muy particulares, el periodista ocupa un lugar igualmente importante en el dúo. Para demostrado, seguiré varios pasos. Primero trazaré a grandes rasgos la tradicional pugna entre periodistas e investigadores. A continuación analizaré el material que se ha publicado en el suplemento "Divulga" del periódico "El Nacional". Finalmente, hablaré de un experimento en divulgación del que los periodistas salieron muy bien librados.

El periodista científico

El periodista científico es un ser difícil de describir. Para unos, es el doctor Jekyll; otros lo creen mister Hyde. Para los primeros, periodistas en su mayoría, lo importante es llegar a las "masas" y el periodista, cuando menos, tiene los medios. Para los segundos, muchos de ellos investigadores, el periodista se dedica primordialmente a tergiversar la información. Enfrentados ambos bandos, el jaque mate lo dan los investigadores: ¿de qué sirve llegar a las masas con mucho "oficio" pero con información errónea?

Los puristas, que nunca faltan, defienden la postura de que quienes deben divulgar la ciencia son los propios investigadores, que son los que producen la información y en cuyas manos descansa el conocimiento. Sólo que, por un lado, la mayor parte de la divulgación escrita hecha por los investigadores resulta aburrida, distante, superespecializada; por otro lado, los investigadores le dedican poco tiempo a esa tarea que, además, no se les reconoce en las evaluaciones académicas a las que se enfrentan con fines de promoción. Aún más, la divulgación en sentido estricto no corresponde a su ámbito profesional. Su preparación no es para divulgar; si algún investigador hace bien la divulgación, ésta es una casualidad y no la consecuencia de una formación.

Los periodistas científicos, por su parte, tratan de ser amenos, de acercarse al público e interesarlo, y generalmente dominan algún medio de comunicación. Pero, por su distancia del gremio científico, dependen en gran medida de lo que los investigadores tengan a bien proporcionarles, ya sea información, revisión y, si quieren ahorrarse problemas, hasta el visto bueno.

Después de los dos párrafos anteriores, cualquiera pensaría que los periodistas científicos son los que llevan las de perder en la labor de divulgación de la ciencia. Lo cierto es que investigadores y periodistas viven peleados. "No vuelvo a conceder una entrevista; el periodista escribió exactamente lo contrario de lo que yo dije". "Ese doctor se puso a escribir ecuaciones en un pizarrón y cuando le pedí que me aclarara, me dio una lista de artículos". Nunca podrán hacer las paces: ambos tienen razón.

El tratamiento de los temas

Hace algún tiempo, cuando supe de la aparición del suplemento "Divulga" en el periódico "El Nacional", me pareció que era un gran esfuerzo por impulsar la divulgación científica y tecnológica en un medio masivo tan importante como lo es el periódico. Antes de esa esperada aparición, yo había realizado durante un año, un estudio sobre la secciones de ciencia de los diarios de mayor circulación en el Distrito Federal, para el Centro Universitario de Comunicación de la Ciencia de la UNAM. El resultado del estudio fue bastante descorazonador: noticias amarillistas, erróneas, incomprensibles, no pocas marcadamente orientadas al consumo. La presencia de un periodismo científico serio era una evidente necesidad cultural.

Aun sin conocer formalmente la política editorial de "Divulga", tiempo después de seguirlo con cierta regularidad me formé una impresión general de su línea: concede mucho peso a las noticias nacionales, a las personas e instituciones, y sobre todo a la tecnología.

La gran virtud de "Divulga" es que cubre un espacio muy necesario. Sin embargo, el esfuerzo puede resultar vano: pocas personas leen el suplemento. Al reflexionar sobre qué lo hace tan poco atractivo, decidí que no era ni su aspecto ni su formato. Concluí que la razón estriba en parte en los temas que se divulgan, y en muy buena parte, en el estilo con que se tratan.

Un gran problema a que se enfrenta el periodista científico es su tendencia u obsesión profesional a hacer de todo nota una de "impacto"; poquísimas veces (ya no digamos en México, sino en todo el mundo), la ciencia da un paso tan enorme como para hacerlo noticia de "ocho columnas". Tal vez en el caso de la tecnología las noticias puedan resultar más espectaculares, pero nadie podrá negar que nuestro país todavía no es uno de los primeros en esta rama. ¿Qué sucede entonces cuando tiene que cubrirse una publicación semanal? En el caso de "Divulga", lo que ocurre es que toda institución nacional se califica "de avanzada" y toda investigación resulta ser "vital". Obviamente, ni el lector más ingenuo puede dar crédito a esto. Además, existe muy poco interés en generar un mensaje que le signifique algo al lector. Divulgar, entre otras cosas, es dar contexto y no sólo informar de los resultados de un trabajo.

Un segundo problema, todavía más grave, es que la mayoría de los artículos que publica "Divulga" no son muy amenos. Si se trata de atraer al público lector, poco cercano o poco inclinado hacia la ciencia, una mala manera de lograrlo es aburriéndolo. La tendencia general en este suplemento es tomar un informe de trabajo, imponerle un estilo oficialista (dicho de otra manera, exagerar su importancia), cambiarle un poco el orden, salpicarlo con algunas preguntas para lograr ciertos respiros y, lo más importante, hacerle una "entrada" o "gancho" donde nadie eche de menos al "Selecciones" barnizado con el estilo del "Time" (hay que recordar que este artículo fue publicado en 1993). A riesgo de generalizar, comentarios semejantes podrían aplicarse actualmente a las secciones sobre ciencia de la mayoría de los periódicos.

Un experimento liberal

Se hace entonces la pregunta: ¿por qué escriben así los periodistas científicos? La respuesta no es simple, porque puede depender de numerosas variables (preparación, experiencia, calidad del periódico, interés por el tema a divulgar, qué tanto depende el periodista del investigador, presión de tiempo, entre otras); hagamos un experimento donde eliminamos la dependencia obligatoria del periodista hacia el investigador. Tomemos un periodista que escriba razonablemente bien, con cierta cultura general, genuinamente interesado en la ciencia. Dejemos que elija a su gusto un tema científico y démosle libertad para recabar la información y para expresarla.

El experimento lo hicimos Blanca E. Treviño y la autora de este artículo durante un curso de divulgación dirigido a periodistas de la fuente científica procedentes de "Divulga", la UAM y la Gaceta UNAM. Todos tenían experiencia en su medio, escribían bien (salvo algunos cuyos problemas de redacción afloraron en ese clima de libertad), se interesaban en la ciencia, y ninguno había realizado estudios formales en ciencia.

El curso fue planeado e impartido como un taller de lectura y escritura de textos de divulgación científica donde los alumnos analizaban textos ejemplares y escribían sobre ellos. Para finalizar, se les pidió un trabajo escrito que cumpliera con el postulado del experimento: los periodistas no estaban obligados a recurrir a un investigador.

La gran mayoría de los trabajos fueron de excelente calidad y su redacción no pasó por manos de investigadores. Se tocaron temas diversos, como los ecosistemas de México, la fauna en peligro de extinción, el conductismo, la química de los contaminantes atmosféricos, entre otros. Como sería imposible incluirlos a todos en este espacio, he tomado como muestra un artículo sobre el sueño en los reptiles. El periodista que lo elaboró optó por recurrir a un instituto universitario donde le proporcionaron un temario (que aparece en el recuadro 1) a partir del cual recabo información. El primero de tres borradores y la última versión del artículo se reproducen en los recuadros 2 y 3, respectivamente. Entre estos extremos hubo sesiones colectivas de crítica al artículo y reestructuras por parte del autor. A continuación, haré algunos comentarios generales a cada versión.

Comentarios al temario: el título: "Mecanismos reguladores del sueño en reptiles" refleja auténticamente el tema de trabajo del investigador que proporcionó la información; sin embargo, para efectos de un artículo periodístico, este título podría provocar en los lectores no afectos a los reptiles la pregunta: ¿para qué quiero saber eso? Del temario queda claro que el tema importante a divulgar es la relación que pueda existir entre los sueños de los diferentes vertebrados, insinuado en el punto I. El desarrollo de este temario tal como está planteado daría lugar a una tesis o a un artículo de revisión.

Comentarios al primer borrador: aquí el título ya refleja mejor el tema general que se va a tratar. Los párrafos 2* al 6* son una descripción técnica de las características del sueño con particularidades de las aves y los mamíferos. La descripción es muy larga y no todos los detalles son necesarios para el artículo. El párrafo 7* menciona ya a los reptiles, pero haciendo énfasis en los problemas metodológicos que resultan de comparar mamíferos y reptiles. A continuación, en el párrafo 8* se habla de las semejanzas entre ambos grupos de vertebrados. Es evidente que el orden de los párrafos 7* y 8* está invertido y en general, el escrito es desordenado, puesto que en los párrafos 9* a 11* se retoman las características del sueño, ahora en reptiles. En el párrafo 12* se vuelve a hablar de las similitudes entre el sueño de mamíferos y el de reptiles, para finalizar con las ventajas del estudio comparativo del sueño. El lector ha transitado por un camino zigzagueante para enterarse, al final, de cuál era la meta del escritor.

Comentarios a la última versión: el título ahora es muy atractivo, pues se trata de un juego de palabras que además se refiere a una famosa película. El artículo se inicia con una pregunta, tema del artículo y que refleja lo que los investigadores están tratando de responder. Esta idea está apoyada por el párrafo 2*. El párrafo 3* da cuenta del interés por estudiar un tema cuyas interrogantes aún no están resueltas. En el párrafo 4* se mencionan los problemas al estudiar el sueño en mamíferos para, en los párrafos siguientes, 5* y 6*, mencionar una posible alternativa, estudiar el sueño en reptiles, y su importancia. En un mismo párrafo, el 7*, menciona los problemas y las ventajas del estudio comparativo. Nótese que, si bien el orden de estos párrafos es igual al del primer borrador, el estilo utilizado en la redacción permite recalcar las ventajas, lo que le da lógica al artículo. La descripción de las características del sueño en reptiles se remata con una comparación positiva (párrafos 8* al 10*). El artículo finaliza recalcando la importancia de los estudios comparativos que podrían extenderse al lector: el ser humano.

Conclusiones

En los dos artículos anteriores he insistido en la necesidad de la participación de la crítica científica. Los resultados satisfactorios del experimento NO llevan a la conclusión de que la crítica de los científicos deba eliminarse, sino a enaltecer la libertad de expresión que, como todos sabemos, no debe confundirse con el libertinaje, mucho menos en el caso de los conceptos científicos.

Desde el inicio del curso, con los primeros ejercicios, se notó claramente la experiencia de los periodistas; salvo algunas excepciones, la mayoría pudo aprovecharlo al nivel que estaba planteado. El entusiasmo de los alumnos y su participación hicieron de ésta una experiencia fructífera para ellos y para quienes lo impartimos. La evaluación pública del curso que ellos mismos hicieron en la última sesión dejó ver la importancia de la comunicación entre periodistas y divulgadores, por un lado, y la responsabilidad de estos últimos de no presentar la divulgación como un trabajo trivial basado en una serie de recetas, ni como una labor de dependencia absoluta, sino como proceso creativo y fundamental para la cultura de nuestra época.

Recuadro 1 (Temario)

Mecanismos reguladores del sueño en los reptiles

    I.   *Importancia de los estudios filogenéticos de sueño.*
    II. *Sueño en vertebrados poiquilotermos*

1. Sueño en peces

Características conductuales

Características electro fisiológicas

2. Sueño en anfibios

Características conductuales
Características electrofisiológicas

3. Sueño en reptiles

    III. Sueño en vertebrados homeotermos

Sueño en aves
Sueño en mamíferos

Recuadro II (Primer borrador)

¿Cómo duermen los vertebrados?

1* Desde la antigüedad el sueño ha tratado de ser explicado por medio de una gran cantidad de teorías que intentan responder por qué dormimos y describir los mecanismos por los que dicho fenómeno se presenta.

2* Con el transcurso de los años y con el desarrollo de técnicas experimentales apropiadas para estudiar el sueño, se estableció que en las aves y en los mamíferos existen dos fases de sueño: el sueño de ondas lentas (SL) y el sueño de movimientos oculares rápidos (MOR), que se presenta después de un periodo de SL.

Estas fases de sueño difieren tanto conductualmente como en otros parámetros denominados electrofisiológicos, tales como el electroencefalograma (EEG) o registro de la actividad eléctrica cerebral, el electro-oculograma (EOG) o registro de los movimientos de los ojos; y el electromiograma (EMG) o registro de la actividad muscular. Además pueden incluirse otras variables fisiológicas que sufren modificaciones en el sueño, como las frecuencias cardíaca y respiratoria.

3* Así, se ha observado que en las aves y los mamíferos el SL se caracteriza por presentar ondas lentas de gran amplitud, mientras que la fase de sueño MOR presenta ondas de frecuencia elevada y bajo voltaje, similares a las registradas en la vigilia.

4* Además de las diferencias que se observan en el EEG entre las dos fases de sueño, se aprecian modificaciones en las demás variables electrofisiológicas. Así por ejemplo, durante la vigilia se registran numerosos movimientos oculares que van disminuyendo en número hasta desaparecer cuando se pasa gradualmente de la vigilia a la somnolencia y al SL, para reaparecer abruptamente durante el sueño MOR. Por otra parte, la actividad muscular, que es muy intensa en la vigilia, se reduce progresivamente durante el SL, hasta desaparecer en el sueño MOR, y se observan de vez en cuando algunas sacudidas musculares que coinciden con los movimientos oculares rápidos y los movimientos de las extremidades.

5* Las frecuencias cardíaca y respiratoria también se modifican durante el sueño, ya que disminuyen al pasar de la vigilia al SL y se hacen arrítmicas durante el sueño MOR.

6* Cuando uno desea analizar al sueño en los vertebrados poiquilotermos (organismos que no regulan la temperatura corporal) como los reptiles, se presentan problemas metodológicos que han dado origen a resultados confusos y contradictorios. Esto se debe a que la actividad cerebral registrada en los reptiles durante el sueño conductual no presenta los mismos patrones que se han descrito para el sueño de los mamíferos. Sin embargo, no hay que olvidar que el cerebro de dichos organismos no tiene el mismo grado de complejidad, motivo suficiente para encontrar diferencias en los patrones cerebrales.

7* Además, si bien es cierto que las variaciones de la actividad cerebral exhibida por los reptiles durante los períodos de vigilia y sueño es diferente a la de los mamíferos, el EMG, el EOG y las frecuencias cardíaca y respiratoria se comportan de manera semejante en ambos grupos de vertebrados.

8* De este modo, varios investigadores han reportado la presencia de una fase de un sueño pasivo y una fase de sueño activo en algunos reptiles como tortugas, iguanas, lagartijas, caimanes y camaleones.

9* *Durante la fase de sueño pasivo, estos organismos permanecen con los ojos cerrados y con el cuerpo y la cabeza reposando sobre el piso. La actividad eléctrica cerebral registrada durante esta fase del sueño muestra una disminución en la frecuencia y el voltaje de las ondas, en comparación con los trazos obtenidos en la vigilia. El tono muscular disminuye notablemente y la actividad ocular tiende a desaparecer, mientras que las frecuencias cardíaca y respiratoria disminuyen al pasar de la vigilia al sueño pasivo.*

10* *Durante la fase del sueño activo, la actividad eléctrica cerebral registrada en los reptiles presenta ondas rápidas de amplitud elevada, semejantes a las observadas durante la vigilia. El tono muscular se abate completamente, y se ve interrumpido por sacudidas corporales que coinciden con ráfagas de movimientos oculares, y las frecuencias cardíaca y respiratoria se hacen arrítmicas.*

11* *Otros estudios realizados en los reptiles han puesto en evidencia algunos de los neurotransmisores y agrupaciones neuronales que se han relacionado con el desencadenamiento del sueño en los mamíferos. Más aún, se ha visto que ciertos tratamientos farmacológicos afectan de manera similar las fases de sueño en ambos grupos de vertebrados.*

12* *Estos hallazgos, aunados a los estudios electrofisiológicos y conductuales realizados en diversas especies de reptiles, han permitido proponer que las fases de sueño de estos organismos pudieran ser semejantes a las de los mamíferos, situación que resulta ser muy atractiva, ya que el estudio comparativo y filogenético del sueño ofrece grandes posibilidades para llegar a entender los mecanismos que intervienen en la regulación del ciclo sueño-vigilia y comprender su significado biológico, tanto en los animales no humanos como en el ser humano.*

Recuadro III (Versión final)

LA NOCHE DE LA IGUANA

1* *¿En qué se parece el sueño de los humanos al sueño de los reptiles?*

2* *Aunque lo parezca, éste no es un acertijo popular con el que se trata de poner a prueba el ingenio del mexicano, y mucho menos es un chiste que*

"Pepito" haya dicho en alguno de sus famosos cuentos. En realidad ésta es una pregunta que se hacen los investigadores que estudian de manera comparativa los mecanismos que participan en el proceso de dormir.

3* El interés por realizar estudios comparativos del sueño surge porque, a pesar de que actualmente hay una gran cantidad de información sobre los mecanismos reguladores del sueño, nadie ha podido descifrar aún la manera en que estos mecanismos interactúan y mucho menos se ha podido explicar por qué dormimos.

4* Con los estudios de estimulación y lesión efectuados en los mamíferos, se ha establecido que regiones específicas del encéfalo y determinados neurotransmisores están implicados en la generación del sueño. Sin embargo, el uso de estas técnicas no deja de tener ciertos inconvenientes, entre los que se encuentra la imprecisión al realizar lesiones específicamente localizadas en cerebros tan complejos como los de los mamíferos, lo que ocasiona la alteración de otras regiones encefálicas cuyo desequilibrio funcional pudiera influir en la obtención de resultados confusos y contradictorios.

5* Una de las soluciones a estos problemas es estudiar el sueño en los representantes actuales de los diferentes grupos de vertebrados, que ocupan una posición inferior a la de los mamíferos en la escala filogenética y cuyo encéfalo es menos complejo, aprovechando de esta manera la carencia de ciertas agrupaciones neuronales que sí han sido descritas en los mamíferos.

6* Por esta razón, resulta importante estudiar el sueño en los reptiles (organismos cuyo encéfalo es menos complejo que el de los mamíferos), ya que la información que se obtenga de ellos podría servir como un modelo para explicar los procesos básicos que desencadenan el sueño en los vertebrados superiores.

7* La existencia de sueño en los reptiles ha sido objeto de una gran cantidad de controversias. Esto se debe a que la actividad eléctrica cerebral registrada en ellos durante su reposo conductual no presenta los mismos patrones que se han descrito para el sueño en los mamíferos. Sin embargo, no hay que olvidar que el cerebro de ambos organismos no tiene el mismo grado de complejidad, motivo suficiente para encontrar diferencias en los patrones cerebrales.

8* Se han descrito en algunas especies de iguanas, tortugas, camaleones y lagartijas, dos fases de sueño con características electrofisiológicas y conductuales propias, que se manifiestan durante sus periodos de reposo conductual. Dichas fases de sueño son el sueño pasivo y el sueño activo.

9* Durante la fase de sueño pasivo que presentan los reptiles, la actividad muscular disminuye notablemente en comparación con la vigilia; además, los movimientos de los ojos tienden a desaparecer, y tanto la frecuencia cardíaca como la respiratoria disminuyen al pasar de la vigilia al sueño pasivo. Durante la fase del sueño activo, el tono muscular de los reptiles se abate completamente, y se ve interrumpido por sacudidas corporales que coinciden con ráfagas de movimientos oculares, mientras que las frecuencias cardíaca y respiratoria se hacen arrítmicas.

10* Aunque las variaciones de la actividad cerebral exhibida por los reptiles durante sus períodos de reposo conductual son diferentes a las de los mamíferos, existen otras variables electrofisiológicas que se comportan de manera similar en ambos grupos de vertebrados: el electromiograma o registro de la actividad muscular, el electro-oculagrama o registro de los movimientos de los ojos y las frecuencias cardíaca y respiratoria.

11* En la actualidad, el estudio del sueño en los reptiles no se ha limitado a los experimentos de registro electrofisiológico, sino que se ha complementado con estudios neuroanatómicos e inmunocitoquímicos, con los que se han llegado a describir los mismos neurotransmisores y agrupaciones neuronales que en los mamíferos se han relacionado con el desencadenamiento del sueño.

12* Más aún, existen evidencias experimentales que muestran que ciertos tratamientos farmacológicos afectan de manera similar las fases de sueño en los reptiles y mamíferos.

13* Por lo anteriormente expuesto, se ha propuesto que las fases de sueño de los reptiles pudieran ser semejantes a las fases de sueño descritas en los mamíferos, situación que resulta ser muy atractiva, ya que como se mencionó al principio, el estudio comparativo y filogenético del sueño ofrece grandes posibilidades para llegar a entender los mecanismos básicos que intervienen en *la regulación del sueño y comprender así su significado biológico, tanto en los animales no humanos como en el ser humano.*

Sánchez Mora, A.M., Sobre la elaboración de artículos de divulgación científica. El trabajo en solitario. *Ciencia* (1991) 42, 257-261.

Sánchez Mora, A.M., Sobre la elaboración de artículos de divulgación científica. La colaboración divulgador-investigador. Ciencia (1991) 42, 351-354.

APÉNDICE

Manual de antidivulgación

Muy estimado futuro divulgador de la ciencia:

¿Le interesa la divulgación de la ciencia, pero no sabe ni qué es?

¿Cree que la divulgación es una labor tan simple que *cualquiera la puede hacer*?

¿Piensa que si usted puede investigar, entonces *obviamente* puede divulgar?

¿Es usted un científico duro, pero teme por su beca del SNI si se olvida del *populacho*?

¿La última novela que leyó se llama *Principles of Quantum Hydrodynamics*?

¿Cree que *el modelo de déficit* se refiere al gobierno mexicano?

Si la respuesta a cualquiera de las anteriores preguntas es afirmativa, por favor no se sienta mal. Aunque le interese o lo necesite, usted no tiene por qué saber divulgar. Esta labor consiste en poner al alcance del público el conocimiento científico. La anterior es una descripción correcta, pero no muy práctica. Por ejemplo, ¿qué significa poner *al alcance*? Para algunos es usar un lenguaje común, o bien eliminar ecuaciones y palabras técnicas, o envolver en azúcar la amarga píldora de la ciencia para que se la traguen los lectores. Lo cierto es que, aunque se trata de una labor artesanal que produce piezas únicas, se puede aprender; una de las mejores maneras es usar con precaución los consejos que todo manual de divulgación contendrá (sobre todo si está escrito por un científico). En la divulgación llamamos *efecto* al resultado de aplicarlos inocentemente. Con fines pedagógicos, los consejos y sus efectos están ilustrados con ejemplos de la vida real.

Consejo 1: Ataque por sorpresa...

Se consigue el efecto *Lobo feroz*. Se trata de un consejo cuyo acatamiento produce una respuesta unánime por parte del público: el rechazo absoluto. Su nombre se debe a un corto para niños, hecho con títeres, en el cual un lobo fuma sin cesar mientras explica los "daños celulares a nivel de parénquima de las células epiteliales de los bronquios". Dicho de otra manera, a lo que prometía ser un ameno relato se le mete ciencia con calzador; el discurso de los personajes se convierte abruptamente en una exposición científico-didáctica.

Ejemplo: "La noche era extraordinariamente romántica. Las libélulas giraban en torno a la pareja de enamorados. Pedro tomó a Luisa de la mano y, señalando hacia el firmamento, le dijo: el diagrama H-R muestra el resultado de numerosas observaciones sobre la relación existente entre la magnitud absoluta de una estrella y su temperatura superficial".

Consejo 2: Asombre a sus lectores...

Efecto *Drosofila Alada*. Parte del supuesto de que el público es un absoluto ignorante, y por lo mismo, cualquier cosa que usted le diga le parecerá interesante. Su manifestación más común se encuentra en los datos irrelevantes y sin contexto. A menudo se inserta tras la frase "¿Sabía usted que...?"

Ejemplo: "¿Sabía usted que la *Drosophila melanogaster* aletea 2,345 veces por minuto? Que Mendel tenía un lunar en forma de chícharo en el hombro derecho... Que hace 23 años se descubrió el efecto Hall cuántico..."

Consejo 3: Una imagen dice más que mil palabras...

Efecto *Hueso de aguacate.* ¿Cuál es el fruto que es rojo por dentro, verde por fuera, y tiene un hueso de aguacate? Éste es uno de mis acertijos favoritos, aunque se trata de un vil engaño; la respuesta es "la sandía", y cuando el incauto pregunta "¿y el hueso de aguacate?" se le responde "ah, sólo es para confundir". Se refiere a las ilustraciones, diagramas, esquemas y tablas cuya finalidad era supuestamente aclarar partes del texto, pero que logran lo contrario. Están incluidas aquí las ilustraciones de relleno, las que no tienen pie de figura, las que conservan las acotaciones en otro idioma, las que provienen de material de investigación que nadie se tomó la molestia de adaptar, aquellas que el diseñador *interpretó* sin haber leído el texto, etcétera.

Ejemplo: un esquema que ilustra un modelo explicado en el texto, pero cuyo pie de figura contiene información ultraespecializada que ni siquiera se había mencionado.

Consejo 4: Un título tentador servirá como gancho...

Efecto *Negligé a media luz.* Cuando se juega con las expectativas del lector al ofrecerle un título tentador y después un texto de arrepentimiento, la lectura no pasará del primer párrafo. Por supuesto que el título es importante y debe ser atractivo, pero nunca falsario, pues el efecto es bumerán.

Ejemplo: "Mensajeros griegos" es un título que nos sugiere por lo menos al dios Mercurio; es hasta poético. Y el texto arranca así: "El interferón gamma es una citocina, molécula mensajera del sistema inmunitario que está relacionada con la actividad de los macrófagos en las respuestas inmunitarias tanto innatas como adaptativas; la interleucina 4 es otra citocina, relacionada con la estimulación de la producción de anticuerpos y la inhibición de algunos macrófagos".

Consejo 5: Recurra a la Historia...

Efecto *Había una vez*. Los lectores no tienen por qué saber de dónde salió un concepto complicado, digamos la *captura óptica* (que data de 1970), de modo que para entender en qué consiste, el autor les ofrece acompañarlos a hacer *un breve recorrido histórico*. Dicho recorrido, de ser posible, se irá hasta *la más remota antigüedad* (que casi siempre llega a Aristóteles, aunque hay quien logra remontarse al *Big Bang*).

Ejemplo: "Los primeros antecedentes que permitieron reconocer que la luz ejerce presión sobre los objetos materiales datan del siglo XVII, cuando Johannes Kepler (1571-1630) sugirió que la cola de los cometas podía deberse a la presión de los rayos solares".

Consejo 6: La metáfora ilumina...

Efecto *Filtro quemado*. El lenguaje metafórico es parte de nuestro funcionamiento mental y, ciertamente, es un recurso que ilumina los conceptos y enriquece a la divulgación. Sin embargo, un símil seleccionado descuidadamente puede resultar en una imagen contraproducente, confusa, o hasta graciosa. El efecto se refiere al uso de metáforas torpes que más que alumbrar, chamuscan.

Ejemplos: un clásico es la carreta de bueyes como metáfora de los pares electrónicos, pero citaremos el párrafo de donde se tomó el nombre del efecto. "En el caso de las especies acuáticas endémicas, lo único que hay que hacer es actuar con filtros para determinar cuántas hay por grupo". Los incautos lectores pensarán que se trata de una filtración física de organismos microscópicos. No. El escritor usó *filtros* para designar un proceso mental que discriminaba ciertas especies ya consideradas.

Consejo 7: La ciencia debe ser divertida...

Efecto *Bicicleta científica*. Se basa en un silogismo falso: "las ferias son divertidas; la ciencia debe ser divertida; luego, la divulgación debe ser como una feria". Un mimo con bata blanca subido en un monociclo nos invita a visitar "La feria de la mitocondria" o "El carrusel de la entalpía". En la feria participaremos en la lotería "Organelos celulares", y en el carrusel jugaremos a "Dispárele al bosón". La única diferencia con una feria común y corriente es que uno se marea y se engenta más en la científica.

Consejo 8: Recurra a lo cotidiano...

Efecto *Supercuerda superboba*. Para llevar al lector hacia tierras incógnitas hay que hacer que parta de terrenos conocidos, como... su tendedero.

Ejemplo: "Seguramente ya ha oído hablar de supercuerdas. No, no se trata de mecates muy resistentes para tender ropa. La teoría de supercuerdas es un esquema teórico para explicar todas las partículas y fuerzas fundamentales de la naturaleza en una sola teoría".

Consejo 9: Use la narrativa, es infalible...

Efecto *Cangrejo fractal*. Sucede cuando un tema científico es convertido a la fuerza en cuento. Su nombre surgió del intento de elaborar un cuento para niños cuyo tema fuera los fractales: unos cangrejos náufragos recorrían sin cesar el contorno fractal de la isla que les servía de refugio. La opinión unánime de los lectores fue que era mejor explicar los fractales sin que intervinieran los crustáceos. Ejemplo: Triptofanito, jefe de la familia Proteína, enamorado de la hermosa Lisina.

Consejo 10: Dígalo como si se lo explicara a niños...

Efecto *Paleta payaso*. Ocurre en la divulgación para niños. Es la superficialidad mezclada con paternalismo; se abusa de los diminutivos, los calificativos insulsos y las comparaciones pueriles del estilo "los cuarks son como increíbles pelotitas de colorcitos".

Ejemplo: la relatividad se reduce a un paleta que tiene escrito $E=mc^2$ con letras de chocolate sobre malvavisco.

Existe la versión misógina: dígalo como si se lo explicara a su mamá.

Consejo 11: Aproveche los temas bestseller...

Efecto *Ectoplasma profundo*. Todo divulgador sueña que su libro se venderá como pan caliente. ¿Qué libros se venden más en Sanborns? Los esotéricos, de civilizaciones extragalácticas y de autoayuda. Hay que partir de estos temas para luego abordar la ciencia. No importa que los lectores se confundan al principio; lo importante es que aparezca la palabra *ciencia*, luego ya profundizarán. Proponga hablar de astrología y de allí brinque a astrofísica. Use la posible existencia de fantasmas para aterrizar en las propiedades optoelectrónicas del silicio poroso. Use alguna cita religiosa.

Ejemplo: "En la Biblia se narra que un carro de fuego separó a Eliseo y Elías, quien subió al cielo en un torbellino. Hablemos de la tercera ley de Newton y la propulsión a chorro".

Consejo 12: Recalque las credenciales científicas...

Efecto *Pasarela internacional*. Según este consejo, su lector necesita estar seguro de que la información que usted le transmite es fidedigna, confiable, reciente. Ayuda mucho poner nombres en latín, usar palabras especializadas, abundar en citas, nombres, instituciones y cargos. Atención: las mayúsculas realzan las jerarquías.

Ejemplo: "El Dr. Larry Smith, experto en ecología de zonas áridas[1,2,3,4,5] y semiáridas[6,7,8] del Departamento de Botánica Ambiental de la Universidad de Wauwatosa, en Milwaukee, EUA, sugiere que las causas y consecuencias de la deforestación[9,10,11,12,13] sean analizadas en diferentes escalas geográficas (Smith, 2008; Jones, 2009)".

Consejo 13: Use los recursos de los medios masivos...

Efecto *Selecciones amarillas*. Hay revistas de circulación masiva que nos atrapan. Plantean la información de modo que el morbo nos impide sustraernos de la lectura. Para ello, están especialmente indicados sexo, enfermedades graves e incurables, sexo, tremendas injusticias, sexo, fraudes científicos, sexo, accidentes y crímenes.

Ejemplo: "Eran las 8 de la mañana. A la esposa del Dr. Víctor Vasiliévich, quien estaba de guardia en Chernóbil, le extrañó oír un crujido en el reactor. La noche anterior la pareja había tenido un pequeño altercado. Sofía Andreévna, la camarada encargada de las barras de grafito, tenía un interés más que profesional por el científico, y Víctor había llegado con manchas negras en la camisa..." ¿Quién no querrá seguir leyendo sobre la fisión nuclear?

Consejo 14: No olvide que en ciencia todo detalle es importante...

Efecto *Domingo siete*. Sucede cuando se ha logrado un texto de divulgación interesante y bien escrito, pero el autor no puede prescindir de detalles que sólo interesan a los científicos.

Ejemplo: "Una toxina presente en el veneno de algunos moluscos bivalvos bloquea selectivamente los canales de calcio neuronales, con efecto anestésico". La información es muy llamativa y podría haberse terminado aquí. Pero continúa: "El veneno está constituido por alrededor de 50 a 200 pequeñas proteínas (péptidos) diferentes, a las que se ha llamado conotoxinas o conopéptidos, muchos de los cuales están formados por entre 7 y 40 aminoácidos, aunque la mayoría contiene sólo entre 12 y 30 aminoácidos".

El breve panorama que pinté parece un campo minado, pero no se desanime, querido futuro colega. Vale la pena incursionar en la divulgación porque es una actividad tan satisfactoria como la investigación. O quizá más.

Definiciones

Los divulgadores nos enfrentamos todavía a muchos obstáculos, uno de los cuales es la falta de definiciones referentes a la labor que realizamos.

Sabemos que es muy difícil llegar a un consenso, porque la divulgación es una materia elástica en la que intervienen diversas disciplinas, muchos enfoques y múltiples formas de abordarla.

Ponemos a consideración de la comunidad de divulgadores un conjunto de definiciones relacionadas con la divulgación, de carácter tentativo, con el fin de que se propicie una discusión amplia y profesional y que los términos se enriquezcan y se amplíen o, en su caso, que se reemplacen por una mejor propuesta.

Alfabetización científica: nivel básico de comprensión de la ciencia y la tecnología que los ciudadanos de una sociedad científica y tecnológica necesitan para sobrevivir en y beneficiarse de su entorno social, cultural y físico (Gregory y Miller, 1998). Véase también **Cultura científica**.

Apropiación social de la ciencia y la tecnología: estrategia de cambio social y cultural dirigida a lograr en el ámbito social una reflexión crítica sobre la ciencia y la tecnología, una relación crítica con el conocimiento, y una promoción de la cultura científica. (Lozano, 2005)

Artículo de divulgación: texto que aborda un tema científico y está destinado a un público no especializado.

Clásicos de la divulgación: las obras de divulgación, en particular escrita, que pueden considerarse ejemplares por su estilo, su amenidad, su profundidad y su originalidad. Aun cuando aborden conceptos que ya han sido científicamente superados, continúan siendo leídas.

Comprensión (apreciación) pública de la ciencia: (*Public Understanding of Science*)

Comunicación de la ciencia: transmisión del conocimiento científico desde sus fuentes hacia los receptores más diversos (a públicos de los distintos niveles educativos). Las actividades de comunicación de la ciencia abarcan la enseñanza, la difusión, la divulgación y el periodismo de ciencia.

Cultura científica: el mínimo de conocimientos científicos y destrezas básicas que un ciudadano actual debería manejar para participar de manera comprometida con su entorno.

Demostración: actividad en la que se da a conocer a un público variado un proceso o fenómeno de la ciencia de manera didáctica, simplificada y divertida. Puede ir acompañando a una conferencia de divulgación o a una obra de teatro, e implicar la participación física del público.

Difusión de la ciencia: aunque es sinónimo de *divulgación*, a menudo se utiliza la palabra *difusión* cuando se trata de la comunicación entre científicos. (Estrada, 2002)

Divulgación de la ciencia: labor multidisciplinaria cuyo objetivo es comunicar, utilizando una diversidad de medios, el conocimiento científico a distintos públicos voluntarios, recreando ese conocimiento con fidelidad y contextualizándolo para hacerlo accesible.

Educación formal: es la educación escolarizada, jerárquica, basada en el currículum, evaluada sobre metas curriculares, y que se lleva normalmente a cabo en una institución reconocida.

Educación no formal: es la educación sistemática, planificada y evaluada, pero no jerárquica, que puede llevarse a cabo tanto en instituciones escolares como en ámbitos abiertos y rurales.

Educación informal: es la educación cotidiana, voluntaria o no, pero que puede ser encauzada en sitios como los museos.

Material de divulgación: así se les llama a las obras tangibles (como artículos, libros, videos) que producen los divulgadores.

Materiales didácticos: apoyos a la enseñanza, desde objetos hasta el producto de los medios de comunicación.

Medios de divulgación: para realizar su obra, los divulgadores utilizan medios de comunicación diversos: conferencias, escritos, audiovisuales, museográficos, teatrales, radiofónicos e hipermedios, entre otros.

Periodismo científico: divulgar a través de los medios de comunicación de masas y en lenguaje accesible, informaciones científicas y tecnológicas (Calvo, 2003).

Popularización de la ciencia: acceso al conocimiento científico con un enfoque de inclusión social. Es conocer, comprender y aprehender información con el propósito de desarrollar habilidades y competencias, herramientas (recursos) esenciales para interferir y actuar en la sociedad de manera crítica y conciente (Caue Matos, 2002).

Recreación: La divulgación toma su materia prima del ámbito científico y la transforma o recrea (en su acepción "volver a crear") de manera que sea accesible al público; por ejemplo, ubicando el conocimiento en contexto, abordando asuntos de interés general como punto de partida, entretejiendo temas de ciencia y de humanidades, y propiciando la reflexión. No debe confundirse con la acepción "entretener" o "divertir".

Talleres: Constituyen una modalidad educativa en donde se promueve la participación activa del asistente.

Vulgarización: Se utiliza como sinónimo de *divulgación* en otros países de habla hispana. En francés a menudo se le llama *vulgarisation scientifique* a la divulgación de la ciencia.

Bibliografía

Sánchez, Ana María (2002). "Bestiario de los divulgadores" *Antología de la divulgación de la ciencia en México.* DGDC, UNAM.

Gregory, J., y Miller, S. The Public Understanding of Science. *Science in Public: communication, culture and credibility.* New York, Plenum Press, 1998.

Manuel Calvo Hernando (2003). Divulgación y periodismo científico: entre la claridad y la exactitud. Colección: "Divulgación para divulgadores", DGDC, UNAM.

Lozano, Mónica (2005). *Hacia un nuevo contrato social.* (Caue Matos, 2002).

Luis Estrada (2002). "La divulgación de la ciencia". *Antología de la divulgación de la ciencia en México.* DGDC, UNAM, México, D. F.

BIOGRAFÍA DE LOS AUTORES

Gisela Yamín Gómez Mohedano

La Dra. G. Yamín Gómez es egresada de la carrera en Periodismo y Comunicación Colectiva por la Universidad Nacional Autónoma de México. Estudió la Maestría en Marketing en la Universidad de las Américas de la ciudad de Puebla, México, y concluyó el doctorado en Dirección y Mercadotecnia por la Universidad Popular Autónoma del Estado de Puebla en México. Sus temas de interés son la Mercadotecnia Aplicada al Desarrollo de las Organizaciones y la Mercadotecnia Relacional para el ámbito educativo. En la actualidad pertenece al Sistema Nacional de Investigadores del Consejo Nacional de Ciencia y Tecnología, nivel candidato.

Datos de contacto:
Universidad Politécnica de Tulancingo
Ingenierías 100
Col. Huapalcalco
Tulancingo de Bravo
Hidalgo, México
yamgom@hotmail.com

Germán Muñoz-Ortega

Doctor por el Cinvestav-IPN. Cofundador de la Maestría en Ciencias con especialidad en Matemática Educativa de la Unach. Galardonado con el Premio "Simón Bolívar" en 1999 por el Comité Latinoamericano de Matemática Educativa. Ha publicado en la Editorial Española Díaz de Santos en 2006 y 2007. La Unach le publicó un libro en 2010: "Una Resignificación de las Ecuaciones Diferenciales".

Javier Casco López

Dr. En Gobierno y Administración Pública, con formación académica en Licenciatura en y Maestría en Comunicación, con participación en diversos congresos, foros nacionales e internacionales. Docente de la Facultad de Ciencias y Técnicas de la Comunicación. Ha colaborado para instituciones públicas y privadas en el área de la Comunicación, Sociedad, Gobierno y Cultura. Posee diversas publicaciones y cultiva las líneas de Investigación en Cultura Tecnológica en Medios de Información y Reingeniería de la Comunicación. Es artista plástico en el área de Fotografía. Cuenta con una serie de obras publicadas.

Dirección postal UV: Fac. de Comunicación Reyes Heroles No. 136 Fracc. Costa Verde, Boca del Río, Ver.
javiercasco67@yahoo.com.mx
Cel: 22917121709

María del Pilar Anaya Avila

Dra. En Comunicación por la Universidad Veracruzana, en la Facultad de Ciencias y Técnicas de la Comunicación, en Veracruz, México. Docente e investigadora del Sistema de Enseñanza Abierta. Ha sido reportera de diversas fuentes informativas y coordinadora de prensa de campañas políticas. Fue coordinadora del Depto. de Comunicación Social en la Fac., donde labora. Posee diversas publicaciones. Es integrante del Cuerpo Académico Estudios en Comunicación e Información. Dirección postal UV: Fac. de Comunicación Reyes Heroles No. 136 Fracc. Costa Verde, Boca del Río, Ver.

pilargre@yahoo.com.mx
Cel: 291080515

Patricia del Carmen Aguirre Gamboa

Dra. En Comunicación por la Universidad Veracruzana, en Veracruz, México. Docente e investigadora. Posee diversas publicaciones y es integrante del Cuerpo Académico Estudios en Comunicación e Información, en dónde cultiva las líneas de Investigación en Cultura Tecnológica en Medios de Información y Reingeniería de la Comunicación. Ha sido coordinadora de la Maestría en Periodismo y Maestría en Comunicación Organizacional. Coordinadora Educación Continua (2006-2014) en la Fac. de Comunicación.

Dirección postal UV: Fac. de Comunicación Reyes Heroles No. 136 Fracc. Costa Verde, Boca del Río, Ver.
patrice994@hotmail.com
Cel: 2299010112

Rossy Lorena Laurencio Meza

Dra. En Comunicación y Académico de Tiempo Completo de la Facultad de Ciencias y Técnicas de la Comunicación de la Universidad Veracruzana. Es la responsable del Cuerpo Académico Estudios en Comunicación e Información. Fue Secretaria académica de la Fac. de Ciencias y Técnicas de la Comunicación. Actualmente es la coordinadora de Investigación y Posgrado de la vicerrectoría Región Veracruz-Boca del Río.

Dirección postal UV: Fac. de Comunicación Reyes Heroles No. 136 Fracc. Costa Verde, Boca del Río, Ver.
rlaurencio@uv.mx
Cel:2292450677

María Minerva López García

Licenciada en Psicología, Universidad Veracruzana. Maestra en Educación Superior, Universidad Autónoma de Chiapas. Doctora en Educación, Universidad del Sur.

Docente de tiempo completo, Facultad de Humanidades, Campus VI, Universidad Autónoma de Chiapas. Miembro del Sistema Nacional de Investigadores, Nivel I.

Domicilio: Avenida del Mezquite, No. 440. Fraccionamiento Bonanza, Tuxtla Gutiérrez, Chiapas. minerva@unach.mx

Rita Virginia Ramos Castro

Licenciada en Pedagogía, Universidad Autónoma de Chiapas. Maestra en Educación Superior, Universidad Autónoma de Chiapas. Doctora en Educación, Instituto de Estudios Universitarios, Campus Tuxtla.

Docente de tiempo completo. Facultad de Humanidades, Campus VI, Universidad Autónoma de Chiapas.

Domicilio: Calzada Tuxtlan, No. 189. Fraccionamiento El Diamante. Tuxtla Gutiérrez, Chiapas. virginiaramoscastro@gmail.com

Ana María Sánchez Mora

Tiene la maestría en física y la maestría en literatura comparada, ambas de la UNAM. Desde 1981 se dedica a la divulgación de la ciencia. Su especialidad es la divulgación escrita. Ha publicado cuento, ensayo, novela, teatro, así como artículos y libros de divulgación. Es autora, entre otros títulos, de *Relatos de ciencia, La divulgación de la ciencia como literatura, La ciencia y el sexo, Pequeño manual de apoyo para redactar textos ambientales e Introducción a la comunicación escrita de la ciencia*; es coeditora de *la Antología de la divulgación de la ciencia en México*.

Ha impartido numerosos cursos de física, de redacción y de divulgación escrita.

Pionera en los estudios sobre la divulgación y en la formación de divulgadores, ha impulsado la profesionalización de la labor.

Actualmente trabaja en la Dirección General de Divulgación de la Ciencia de la UNAM, donde es profesora y coordinadora del área de comunicación de la ciencia en la maestría en filosofía de la ciencia.

Recibió el Premio Nacional de Divulgación "Alejandra Jaidar" 2003. Ha sido distinguida con entradas en el *Diccionario de escritores mexicanos siglo XX*, tomo VIII (S-T) (2005), Instituto de Investigaciones Filológicas, UNAM, y en la *Gran Enciclopedia de México*, tomo IX (2009), Planeta.

Es autora de la definición de *divulgación* utilizada por el Sistema Nacional de Investigadores de Conacyt desde 2005.

Mauro García Domínguez

Realizó sus estudios de licenciatura en Ciencias de la Comunicación en la Universidad de las Américas Puebla y en la Universidad de Lock Haven, Pennsylvania; tiene una maestría en Mercadotecnia en la Universidad Madero.

Fue director de investigación de Mathieu Richerand Marketing, en donde colaboró en proyectos de anfitrionía con Lexia Investigación

Cualitativa y coordinó estudios para diversas marcas privadas y programas gubernamentales.

Ha participado en proyectos de mystery shopper con De la Riva Investigación Estratégica.

Miembro del comité de elaboración del Examen CENEVAL.

Actualmente realiza investigaciones de mercado y brinda consultoría empresarial de manera independiente para productos y servicios de los sectores inmobiliario, educativo, transporte, alimentos, entre otros

Dirección de Trabajo:
Universidad Popular Autónoma de Estado de Puebla, UPAEP
21 Sur, 1103. Barrio Santiago. C.P. 72410
Puebla, México.
01 800 224 22 00

www.ingramcontent.com/pod-product-compliance
Lightning Source LLC
Chambersburg PA
CBHW032014170526

45157CB00002B/688